Ortensie

KATHARINA ADAMS

Ortensie

Le varietà più belle e colorate

casa red!

Sommario

Piantare e curare le ortensie 75

Le ortensie: splendidi cespugli in fiore

Le ortensie – in particolare quelle della specie *Hydrangea macrophylia*, con le rigogliose infiorescenze a palla di colore azzurro cielo o rosa – fanno parte degli arbusti da fiore più conosciuti e amati. Questo volume si propone di presentare l'enorme varietà di forme e le loro molteplici possibilità di utilizzo.

La natura, unitamente al lavoro di coltivazione da parte dell'uomo, è in grado di offrirci una stupefacente gamma di colori e forme di ortensie. Oltre alle specie e alle cultivar che producono i ben noti e soffici corimbi globosi, esistono anche ortensie con i fiori riuniti in infiorescenze piatte, che hanno un aspetto molto più fine e delicato, e alcune cultivar caratterizzate da infiorescenze a pannocchia di forma più o meno conica.

Il punto di vista botanico

Il genere delle ortensie, nome botanico *Hydrangea*, comprende circa un'ottantina di specie di arbusti e di rampicanti. Sono tutte classificate nella piccola famiglia delle Idrangeacee (*Hydrangeaceae*), che include inoltre le schizophragma (*Schizophragma*) e altre specie di arbusti da fiore come, per esempio, la deuzia (*Deutzia*) e il filadelfo (*Philadelphus*), oltre ad alcune specie erbacee perenni.
In passato, invece, le ortensie venivano ricondotte alla più ampia famiglia delle Sassifragaceae (*Saxifragaceae*).

◀ *Una siepe di ortensie in piena fioritura, il complemento ideale per la casa a traliccio sullo sfondo.*

*L'ortensia rampicante (*Hydrangea petiolaris*) aderisce alla ruvida parete di mattoni grazie alle sue radici avventizie. Le piante più giovani vanno però guidate sul supporto.*

Sviluppo e portamento

A seconda della cultivar, il portamento e la velocità di sviluppo delle ortensie può variare di molto. Le specie di *Hydrangea macrophylla* più frequenti nei

Non rimuovete subito i fiori appassiti poiché, anche quando cominciano a sfiorire, le ortensie continuano a mantenere la loro funzione decorativa. Le infiorescenze, nella loro decadente bellezza, persistono sugli steli fino a inverno inoltrato, «creando – per citare le parole del 'filosofo del giardino' tedesco Karl Foerster – un effetto estremamente suggestivo quando sono ricoperte di rugiada. Nessun fiore muore in modo più bello».

nostri giardini (ovvero le varietà di ortensie da giardino più diffuse) non superano solitamente 1,5 m di altezza, hanno portamento compatto, a cespuglio, a forma di cupola. *Hydrangea serrata* e le sue cultivar si sviluppano molto di più in larghezza che non in altezza, mentre *H. serrata coreana*, proveniente dalle zone montuose della Corea, sviluppa addirittura propaggini e, con il suo metro di altezza, si mantiene piuttosto bassa.

Un portamento eretto mostra l'**ortensia villosa** (*H. aspera*) mentre l'**ortensia sargentiana** (*H. sargentiana*) può addirittura assumere la forma di un piccolo alberello: entrambe possono raggiungere o superare i 3 m di altezza. L'**ortensia a pannocchia** (*H. paniculata*) e le sue cultivar hanno uno sviluppo da espanso a eretto e i loro rami si aprono a ventaglio verso l'alto.

*Le foglie dell'ortensia quercifolia (*Hydrangea quercifolia*) ricordano le foglie della quercia americana.*

Ortensie rampicanti

Nel genere *Hydrangea* è possibile trovare anche una specie dall'aspetto piuttosto anomalo rispetto a tutte le altre: si tratta di *H. petiolaris*, l'ortensia rampicante. Se le viene offerto un sostegno adeguato, questa ortensia vi si avvinghia con vigore (anche su muri e colonne), oppure cresce rasoterra e forma folti cespugli striscianti. Proprio come l'edera, sviluppa radici aeree avventizie, che però non sempre aderiscono a dovere sulle superfici lisce; rispetto all'edera è meno invadente (non arriva cioè a circondare intere finestre in capo a qualche settimana). Si può abbarbicare tenacemente a sostegni verticali, graticciati o gazebi. Nella famiglia delle Idrangeacee si trova anche un'altra forma rampicante, ovvero la ***Schizophragma hydrangeoides***, parente stretto della specie *H. petiolaris* che pertanto non è possibile non citare. La *Schizophragma*, infatti, ricorda molto nell'aspetto le ortensie rampicanti e ne condivide anche le esigenze. Si distingue per i fiori laterali sterili ridotti a un solo sepalo, mentre nelle altre ortensie i sepali (che costituiscono il calice) sono quattro.

Varietà di foglie

Le foglie delle ortensie sono disposte ordinatamente, ma, a seconda della specie, possono presentare superficie, colore e dimensioni molto differenti. Le foglie delle ortensie comuni, per esempio, hanno una forma ovale (ovata), con margine più o meno dentato, di media grandezza, e consistenza compatta.

Le foglie delle ortensie rampicanti sono invece un poco più arrotondate e con la base cuoriforme, hanno superficie brillante e ricordano le foglie dei tigli. Il nome botanico antico, oggi non più in uso, faceva proprio riferimento a questa caratteristi-

ca: *Hydrangea tiliaefolia*, ovvero ortensia dalle foglie di tiglio.
Completamente diverso è l'aspetto della sargentiana (*H. sargentiana*), caratterizzata da foglie molto grandi ricoperte di peli (tomentose) sulla pagina superiore. Le foglie dell'ortensia quercifolia (*Hydrangea quercifolia*) sono invece ripiegate in avanti, con margine dentellato, il che le fa assomigliare a quelle della quercia americana, anche se la loro disposizione sul fusto è diversa.

*Nell'ortensia sargentiana (*Hydrangea sargentiana*) le false corolle dei fiori sterili di colore chiaro contrastano fortemente con i fiori fertili più scuri.*

Uno splendore sempre nuovo

I fiori delle ortensie non mancano mai di attirare l'attenzione. A seconda della specie e della cultivar, le piante possono avere fiori a forma di palla, a piatto o a pannocchia conica; i fiori veri e propri però non sono molto appariscenti. In realtà si tratta di una falsa infiorescenza sterile, ovvero, più precisamente, dei sepali del calice divenuti petaloidei, che circondano il fiore fertile e che creano l'insieme floreale tipico della pianta.
Nell'ambito delle ortensie a corimbi globosi e di quelle a pannocchia vi sono alcune cultivar in cui, quella che chiameremo per semplicità infiorescenza, è costituita per due terzi da **falsi fiori sterili**; nel caso delle ortensie a corimbi piatti invece solo la porzione esterna è composta da falsi fiori, mentre il resto è costituito da piccoli **fiori fertili**. I fiori sterili hanno il compito di attirare i vari insetti responsabili della impollinazione. Sui fiori delle ortensie infatti si vedono spesso api e farfalle, ma anche sirfidi e persino mosche comuni. Dal punto di vista strettamente ecologico, le specie più preziose sono quelle che hanno il maggior numero di fiori fertili, e quindi quelle con l'infiorescenza piatta.

L'origine delle ortensie diffuse in Europa

Nella letteratura specializzata, si fa risalire la data 'ufficiale' di introduzione degli arbusti di ortensie in Europa al 1788. In quell'anno, il collezionista inglese Sir Joseph Banks avrebbe portato in Europa dal Giappone la prima *Hydrangea macrophylla*, che sarebbe poi fiorita nel famoso giardino Kew Gardens di Londra con fiori di colore rosa.

Rompicapo di nomi

Esistono due teorie per quanto riguarda l'origine del nome 'ortensia'. Secondo la prima, il termine sarebbe da ricondurre a Hortense Beauharnais, ovvero la regina Hortense d'Olanda, figliastra di Napoleone I e madre di Napoleone III.
La seconda teoria sostiene invece che il termine 'ortensia', tradotto letteralmente, non significhi altro che 'proveniente dal giardino', e in tal caso il nome della pianta avrebbe quindi origini assai meno nobili. Questa teoria viene messa in relazione con il viaggio intorno al mondo effettuato via mare dal matematico e navigatore Louis-Antoine de Bougainville a scopo di ricerca, che ebbe luogo dal 1766 al 1769 (cioè prima della nascita di Hortense Beauharnais, avvenuta nel 1785). A bordo si trovava anche il medico, botanico e collezionista Philibert Commerson (1727-1773), che avrebbe scoperto le ortensie in un giardino cinese nel 1767, introducendole poi in Francia.

Le cultivar di ortensia comune dalle infiorescenze (corimbi) globose o piatte possono essere combinate in modi diversi per creare piacevoli effetti di colore. Le tinte, solitamente delicate, evocano un certo romanticismo agreste.

Jean-Baptiste Lamarck descrisse la pianta portata da Commerson definendola *Hortensia opuloides* per la somiglianza con l'arbusto ornamentale *Viburnum opulus*. Nella letteratura antica si parla di *Hortensia hortensis* o *Hydrangea hortensis*. All'ortensia introdotta in Inghilterra proprio da Sir Joseph Banks, nel 1791 venne attribuito il nome di *Hydrangea hortensis* (sebbene il nome del genere *Hydrangea* tradotto dal greco significhi 'che attira l'acqua' in riferimento alla vicinanza dell'acqua al luogo d'origine delle prime specie). La stessa specie, descritta da Thunberg, veniva chiamata nel 1784 *Viburnum macrophyllum*, ancora una volta in relazione alla forma dei fiori, che ricordano da vicino quelli delle specie del genere *Viburnum*. Nel 1830 infine Charles Stringe pose termine alla confusione impiegando definitivamente il nome già adottato da Thunberg, da cui deriva anche il nome attuale: *Hydrangea macrophylla*.

*La hosta (*Hosta*) costituisce un partner ideale per le ortensie. Entrambe prediligono i luoghi in penombra e i terreni ricchi di humus.*

Prime coltivazioni

Stranamente l'ortensia rimase per lungo tempo una pianta da collezione o da orto botanico. I giardinieri la scoprirono solo più tardi; inizialmente era la cultivar 'Otaksa' a riempire, praticamente incontrastata, tutte le serre. A partire da questa ortensia, il giardiniere francese **Victor Lemoine** produsse la cultivar 'Otaksa Monstruosa' nel 1894. **Charles Maries**, un altro floricoltore francese, spedì un'ortensia alla famosa scuola di giardinaggio inglese di Veitch nel 1879, dove, in onore di colui che l'aveva selezionata, fu battezzata con il nome di 'Mariesii'.

Negli anni 1902-1903 Lemoine riprodusse per seme questa cultivar ottenendo tre piante madri con caratteristiche diverse che chiamò 'Mariesii Perfecta', 'Mariesii Lilacina' e 'Mariesii Grandiflora'. Queste cultivar costituirono la base della coltivazione europea e sono presenti ancora oggi negli assortimenti dei vivai specializzati. Sempre in Francia, **Emile Mouillère** selezionò a partire dal 1908 circa 70 nuove cultivar. In tutta l'Europa queste novità ebbero un enorme successo, ma in particolare furono i floricoltori tedeschi a occuparsi della successiva coltivazione.

Intorno al 1920 nacquero molte cultivar che rimasero per lungo tempo il vero termine di paragone per le coltivazioni di succes-

Alcune ortensie sono adatte come piante da vaso. Innaffiandole regolarmente e concimandole in modo adeguato, si sviluppano fino a formare cespugli rigogliosi.

so, come 'Münster', 'Westfalen', 'Hamburg', 'Holstein', Schöne Dresderin', 'Elbe', 'Heinrich Seidel' e 'Heidröschen'. Già dai nomi è possibile identificare la nazione di provenienza di queste cultivar, che tra l'altro sono tutt'ora presenti in molti giardini e orti botanici. Attualmente la coltivazione di cultivar di *macrophylla* si concentra sulle caratteristiche che favoriscono la coltivazione in vaso.

Belle e robuste

Le ortensie sono **piante da appartamento e da vaso** molto amate, ma spesso, dopo la fioritura in vaso, vengono trapiantate in giardino o poste in grosse fioriere. Negli ultimi anni pertanto la selezione segue il criterio della **resistenza al gelo**, proprio per venire incontro alla sempre più diffusa tendenza a sistemarle in ambienti esterni.

L'ultima conquista della coltivazione sono le forme doppie, tra cui alcune molto adatte per la coltivazione in giardino. Il gruppo delle cultivar rifiorenti 'Endless Summer' ha rappresentato una vera e propria svolta che ha affascinato anche i floricoltori italiani: una nuova fioritura di ortensie in settembre-ottobre non può che essere la benvenuta. Possiamo aspettarci ancora molto dal futuro ed essere certi che il successo delle ortensie non farà che aumentare, incrementando anche la diffusione di nuove cultivar di *H. paniculata*.

Ortensie da giardino

Mentre in Giappone, sempre all'avanguardia nella selezione di cultivar di piante da fiore, vengono coltivate da quasi 200 anni numerosissime cultivar di ortensie, ivi compresa la paniculata (*H. paniculata*), questa specie in Europa è apprezzata solo da pochi anni. Tuttavia, negli ultimi anni l'assortimento si è decisamente ampliato, e oltre ai grandi fiori a pannocchia si trovano in commercio anche fiori dalle nuove tonalità di colore, come il verde e le nuance di rosa.

Dall'Asia e dall'America

Come l'universalmente nota *Hydrangea macrophylla*, anche le specie *H. paniculata*, *H. aspera*, *H. sargentiana*, *H. heteromalla*, coltivata raramente, e *H. petiolaris*, l'ortensia rampicante, provengono dai paesi asiatici. È però la costa orientale dell'America Settentrionale la patria delle specie selvatiche di ortensia, da dove giunsero in Europa l'ortensia arborea (*H. arborescens*) e l'ortensia quercifolia (*H. quercifolia*). *H. arborescens* ebbe ben presto successo come pianta da giardino grazie alla ricchezza della sua fioritura e alla sua resistenza al gelo. Necessita però di molta acqua e nei periodi di siccità deve essere innaffiata abbondantemente. La si incontra soprattutto nei giardini di campagna e i suoi fiori vengono impiegati di frequente come fiori da vaso.

L'**ortensia quercifolia** è diventata di moda solo negli ultimi anni. Le sue foglie dalla forma particolare, che in autunno assumono una colorazione vivace davvero spettacolare, la rendono una specie pregiata, nonostante necessiti di esposizione riparata dal vento e dal freddo e abbia una crescita inizialmente lenta.

Cultivar vecchie e nuove

Attualmente sono disponibili numerose cultivar che derivano in particolare dalle specie *Hydrangea macrophylla* e *H. paniculata*. Negli ultimi anni, la coltivazione in Europa si è concentrata soprattutto sulla *H. macrophylla*, l'ortensia comune. Molte vecchie cultivar sono ormai scomparse dai vivai e dai giardini, mentre altre si sono invece mantenute nei giardini grazie alla loro maggiore resistenza al gelo.

*Una combinazione inusuale in cui prevalgono le tonalità di verde. Le ortensie arboree (*H. arborescens*) prediligono i luoghi soleggiati.*

I ritratti delle ortensie più belle

La varietà di cultivar di *Hydrangea* è molto ampia. Accanto alle coltivazioni moderne, le cultivar storiche continuano a essere molto apprezzate poiché, come hanno avuto modo di dimostrare in oltre un secolo di storia, la loro robustezza è fuori discussione.

Molte delle ortensie che adornano i nostri giardini appartengono al gruppo delle *Macrophylla*, caratterizzate per la maggior parte da infiorescenze 'a palla' (corimbi globosi). Ma negli ultimi tempi si stanno imponendo sulla scena anche numerose cultivar con infiorescenze a pannocchia (*H. paniculata*), che alimentano gli assortimenti dei vivai con novità sempre interessanti.

Per maggiore chiarezza e una più immediata consultazione, le ortensie presentate in questo capitolo sono state suddivise in gruppi in base alla forma delle infiorescenze e del portamento.

- **Ortensie comuni:**
  cultivar dai corimbi globosi;
  cultivar dai corimbi piatti.
- Forme di ***Hydrangea serrata.***
- **Ortensie palla di neve.**
- **Ortensie a pannocchia.**
- **Ortensie quercifolia.**
- **Specie selvatiche.**
- **Rampicanti e specie affini.**

◄ *L'ortensia villosa (*Hydrangea aspera villosa*) è più frequente nei parchi che non nei giardini di casa.*

Ortensie comuni

La maggior parte di noi è abituata ad associare il termine ortensia all'immagine delle classiche *Macrophylla*. Dal punto di vista commerciale esse rappresentano infatti il gruppo più significativo (ne fanno parte tutte le ortensie impiegate come piante da vaso) e sono state anche le prime a essere introdotte in Europa dall'Asia. All'interno di tale categoria le cultivar vengono distinte in due sottogruppi: quello con corimbi globosi e quello con corimbi piatti, chiamate anche *Lace caps* ('cuffie di pizzo' in inglese). Nelle forme con infiorescenze globose la maggior parte dei fiori è sterile, mentre nelle ortensie 'cuffie di pizzo' i corimbi appiattiti sono costituiti da fiori interni fertili circondati da quelli esterni sterili e più grandi.

Il culmine della fioritura di tutte le *Macrophylla* ha luogo nel mese di luglio; alcune, più precoci, sfoggiano i loro corimbi già a partire dalla metà di giugno e li mantengono fino a settembre inoltrato. È necessario sottolineare che, poiché pur appassendo i fiori si mantengono molto decorativi, la stagione della 'fioritura' è particolarmente prolungata (anche fino all'inverno).

Legenda dei simboli

I simboli utilizzati nel capitolo forniscono informazioni sulle caratteristiche essenziali delle singole ortensie.

Esigenze di luce

○ in pieno sole
◐ (grigio) in posizione luminosa
◑ in mezz'ombra
● in ombra

Fioritura

✿ 4-7
I numeri si riferiscono ai mesi dell'anno

Crescita in altezza

⬆ 20-30
Altezza media in cm

Crescita in larghezza

⬌ 150
Larghezza media in cm
(L'altezza e la larghezza si riferiscono a una pianta di 10-15 anni, quindi adulta).

Cultivar dai corimbi globosi

'Ayesha'

●–◑ ✿7-9 ⬆100 ⬌150

Colore dei fiori: dal rosa al viola chiaro a seconda del valore di pH del terreno; colori delicati.
Forma delle infiorescenze: corimbo globoso leggermente appiattito; i singoli fiori hanno i sepali ripiegati a coppa.
Foglie: verdi, di forma ovale, con margini dentati.
Caratteristiche: cultivar interessante dai fiori simili a quelli di lillà; è caratterizzata da un intenso e rapido sviluppo in larghezza. È leggermente profumata.
Impiego: come solitaria, in gruppi, in aiuola, in vaso.
Pratiche colturali: si sviluppa al meglio in un luogo riparato non esposto direttamente ai raggi del sole. Va innaffiata abbondantemente in caso di siccità. In primavera non ha bisogno di essere potata; è sufficiente rimuovere i fiori e le foglie appassiti.
Resistenza al gelo: discreta.

I fiori di 'Ayesha' ricordano il lillà. Nelle regioni con inverni freddi è consigliabile coltivare questa cultivar in vaso poiché è sensibile al freddo.

'Bela'

●–◑ ✿7-10 ⬆100 ⬌120

Colore dei fiori: dal rosa carico al blu chiaro a seconda del pH del terreno; effetto di colore intenso.
Forma delle infiorescenze: globose e particolarmente grandi, che fioriscono in maniera regolare; i singoli fiori sono arrotondati.
Foglie: verde scuro, di forma ovale, con margini dentati.
Caratteristiche: cultivar dal portamento basso, forma densi cespugli; solitamente si sviluppa più in larghezza che in altezza.
Impiego: come solitaria, in gruppi, in aiuola, in vaso.
Pratiche colturali: prospera al meglio in posizione riparata, non esposta ai raggi diretti del sole. Va innaffiata abbondantemente in caso di siccità. Non necessita di

Il colore intenso dei fiori è il punto di forza di 'Bela'.

potatura in primavera, basta rimuovere le parti appassite.
Resistenza al gelo: soddisfacente.
Cultivar simili:
- 'Souvenir de Marne', di un bel rosa caldo.

'Berliner Spree'

●–◑ ✿ 7-10 ⬆ 90 ⬌ 110

Colore dei fiori: rosa delicato molto chiaro.
Forma delle infiorescenze: globose e particolarmente grandi, che fioriscono in maniera regolare; i singoli fiori sono arrotondati.
Foglie: verde scuro, di forma ovale, con margini dentati.
Caratteristiche: cultivar dal portamento basso; si sviluppa più in larghezza che in altezza.
Impiego: come solitaria, in gruppi, in aiuola, in vaso.
Pratiche colturali: prospera al meglio in penombra, al riparo dai raggi del sole. Va innaffiata abbondantemente in caso di siccità. Non necessita di potatura in primavera, basta rimuovere le parti appassite.
Resistenza al gelo: buona.

'Bouquet Rose'

○–◑ ✿ 7-9 ⬆ 130 ⬌ 130

Colore dei fiori: dal rosa-viola all'azzurro a seconda del pH del terreno.
Forma delle infiorescenze: globose quasi perfettamente sferiche, rette da fusti arcuati e affusolati; singoli fiori grandi.
Foglie: verde chiaro, di forma ovale, con margini fortemente dentati.
Caratteristiche: cultivar dalla crescita intensa selezionata nel 1907 dal floricoltore francese Emile Lemoine, che continua a imporsi fra le ortensie di notevole pregio e affidabilità. A differenza della maggior parte delle altre *Macrophylla*, fiorisce in parte anche dai giovani rami di un anno.
Impiego: come solitaria, in gruppi, in aiuola, in vaso.

'Bouquet Rose' è una cultivar classica che continua ad avere un posto privilegiato negli assortimenti moderni in virtù della sua resistenza al gelo.

'Endless Summer' ha rappresentato una vera e propria svolta nella coltivazione delle ortensie poiché fiorisce anche dai getti di un anno.

Pratiche colturali: va collocata in luogo riparato e innaffiata molto in caso di siccità. Non deve essere potata in primavera.
Resistenza al gelo: ottima, è una delle cultivar più resistenti.
Cultivar simili:
- 'Mme Marie Bossard', meno resistente al gelo.

'Elbtal'

●–◑ ✿ 7-9 ⬆ 100 ⬌ 100

Colore dei fiori: dal rosa-viola all'azzurro luminoso, variabile a seconda del valore di pH del terreno.
Forma delle infiorescenze: globose, di grandi dimensioni. I fiori sterili presentano sepali frastagliati simili a quelli dei garofani.
Foglie: verdi, di forma ovale, con margini fortemente dentati e venature molto evidenti.
Caratteristiche: cultivar compatta dalla crescita intensa.
Impiego: come solitaria, in gruppi, in aiuola, in vaso.
Pratiche colturali: ha bisogno di una posizione a mezz'ombra, al riparo dai raggi diretti del sole. Va innaffiata abbondantemente nei periodi di siccità. Non necessita di potatura in primavera, è sufficiente asportare le parti appassite.
Resistenza al gelo: da soddisfacente a buona.
Cultivar simili:
- 'Lancelot', caratterizzata da sepali ondulati.

'Endless Summer'

○–◑ ✿ 7-10 ⬆ 150 ⬌ 180

Colore dei fiori: variabile, dal blu al rosa a seconda del valore di pH del terreno.
Forma delle infiorescenze: grandi corimbi globosi, con un diametro che può raggiungere i 20 cm. Fioritura intensa e continua.
Foglie: verde scuro, di forma ovale, larghe, di notevoli dimensioni.
Caratteristiche: ortensia rifiorente; elemento distintivo di questa nuova cultivar è la sua capacità di fiorire sui nuovi getti e comunque sul legno prodotto nella stagione.
Impiego: come solitaria, in gruppi, in aiuola, in vaso. Data l'altezza, è adatta anche come sfondo.
Pratiche colturali: si sviluppa al meglio in un luogo riparato. Va innaffiata abbondantemente

Con un'adeguata aerazione del terreno, 'Générale Vicomtesse de Vibraye' produce fiori di un'intensa tonalità azzurra.

in caso di siccità e se è esposta direttamente al sole.
Non necessita di potatura in primavera, è sufficiente rimuovere le parti appassite.
Resistenza al gelo: buona.
Cultivar simili:

- 'Endless Summer – The Bride', dalle caratteristiche identiche, con splendidi fiori candidi.

'Générale Vicomtesse de Vibraye'

●–◑ ✿7-10 ⬆200 ⬌150

Colore dei fiori: dal rosa antico all'azzurro a seconda del valore di pH del terreno; in autunno assume una colorazione del tutto suggestiva, con i fiori che virano al verde chiaro o al viola risaltando sul fogliame che si tinge di mogano.
Forma delle infiorescenze: perfettamente sferiche e voluminose; fioritura molto abbondante.
Foglie: verde chiaro, di forma ovale, con margini seghettati e superficie leggermente rugosa.
Caratteristiche: cultivar vigorosa, dal portamento eretto e crescita intensa, che forma folti cespugli; solitamente si sviluppa più in altezza che in larghezza.
Impiego: come solitaria, in gruppi, in aiuola, in vaso (le giovani piante sono eccellenti da interno). Data l'altezza, è adatta anche come sfondo.
Pratiche colturali: predilige le posizioni a mezz'ombra. Va innaffiata abbondantemente nei periodi di siccità e se esposta al sole. Non necessita di potatura in primavera, basta asportare le parti appassite.
Resistenza al gelo: buona.
Cultivar simili:

- 'Eugen Hahn', con corimbi più piccoli e di colore rosso vino.

'Hamburg'

●–◑ ✿7-9 ⬆140 ⬌160

Colore dei fiori: dal rosa carico al blu-viola a seconda del valore di pH del terreno; di grande impatto cromatico.
Forma delle infiorescenze: globose, non molto voluminose, costituite da fiori molto appressati con margini dentati. Fioritura intensa e regolare.
Foglie: verde scuro, di forma ovale allungata, leggermente brillanti, con margini seghettati.
Caratteristiche: dalla crescita molto vigorosa, forma cespugli compatti, sviluppandosi più in larghezza che in altezza.
Impiego: come solitaria, in gruppi, in aiuola, in vaso.

Generalmente le ortensie fioriscono solo dal legno vecchio, cioè sui fusti di oltre un anno di vita. 'Endless Summer' produce fiori anche dai getti della stagione e possiede la straordinaria proprietà di fiorire più volte, regalando per tutta l'estate nuovi boccioli ogni 6 settimane.

'Hamburg' forma arbusti solidi che regalano un'intensa fioritura.

Pratiche colturali: va collocata a mezz'ombra e innaffiata copiosamente in caso di siccità. Non necessita di potatura primaverile; basta rimuovere le parti appassite.
Resistenza al gelo: soddisfacente.
Cultivar simili:
- 'Altona', dalla fioritura piuttosto tardiva, ma abbondante e persistente, con corimbi rosa dal centro chiaro che si tingono di rosso in autunno.

'Heinrich Seidel'

●–◑ ✿ 7-9 ⬆ 140 ⬌ 160

Colore dei fiori: rosa carminio tendente al violetto a seconda del pH del terreno.
Forma delle infiorescenze: globose, di medie dimensioni, con fioritura regolare; fiori sterili costituiti da grandi sepali.
Foglie: verde scuro, di forma ovale, lanceolate, con margini seghettati. Decisamente grandi se paragonate alle dimensioni delle infiorescenze.
Caratteristiche: cultivar robusta, che forma folti cespugli, sviluppandosi più in larghezza che in altezza.
Impiego: come solitaria, in gruppi, in aiuola, in vaso.
Pratiche colturali: predilige una posizione semiombreggiata, al riparo dall'irradiazione solare diretta. Va innaffiata abbondantemente nei periodi di siccità. Non necessita di potatura in primavera, è sufficiente asportare foglie e fiori appassiti.
Resistenza al gelo: soddisfacente.

'Hörnli'

●–◑ ✿ 7-9 ⬆ 100 ⬌ 120

Colore dei fiori: rosa-rosso carico, dalle tonalità molto intense.
Forma delle infiorescenze: globose, di medie dimensioni, con fioritura regolare; i sepali dei fiori hanno forma di losanga.
Foglie: verde scuro, di forma ovale, con margini seghettati.

'Heinrich Seidel' è una cultivar i cui fiori assumono una meravigliosa colorazione rosa carminio con un valore di pH leggermente alcalino.

Caratteristiche: cultivar svizzera di recente selezione dal portamento basso; solitamente si sviluppa più in larghezza.
Impiego: come solitaria, in gruppi, in aiuola, in vaso.
Pratiche colturali: prospera al meglio in un luogo riparato non esposto direttamente al sole. Va innaffiata abbondantemente in caso di siccità. Non necessita di potatura primaverile, è sufficiente rimuovere le parti appassite.
Resistenza al gelo: buona.
Cultivar simili:

- 'Constellation', dai corimbi rosa con sfumature blu.

'Leuchtfeuer'

●–◑ ✿7-9 ⬆120 ⬌120

Colore dei fiori: rosa-rosso brillante, di grande effetto.
Forma delle infiorescenze: globose leggermente appiattite, con fioritura molto regolare fino a ottobre.
Foglie: verde scuro, di forma ovale, larghe, con pagina superiore lucida e margini dentati.
Caratteristiche: caratterizzata da un'intensa crescita, dà origine a cespugli folti e compatti.
Impiego: come solitaria, in gruppi, in aiuola, in vaso.
Pratiche colturali: prospera al meglio in un luogo riparato, non esposto al sole diretto. Innaffiature abbondanti nei periodi aridi. Non necessita di potatura primaverile, è sufficiente rimuovere le parti appassite.
Resistenza al gelo: soddisfacente.

'Mars'

●–◑ ✿7-9 ⬆100 ⬌120

Colore dei fiori: rosa-rosso brillante con margini bianchi, che donano un effetto cromatico particolarmente appariscente.
Forma delle infiorescenze: globose, quasi sferiche, piene, costituite da fiori sterili piuttosto grandi.
Foglie: verde scuro, ovali, larghe, con margini seghettati.

'Leuchtfeuer' è molto apprezzata per la coltivazione in vaso.

I fiori bicolore rendono 'Mars' particolarmente interessante. Anche per questa cultivar è da prediligere la coltivazione in vaso.

'Nymphe' ha fiori bianco candido leggermente frastagliati.

Caratteristiche: cultivar dal portamento compatto, che forma cespugli folti; in genere si sviluppa più in larghezza. È stata selezionata per l'effetto decorativo dei fiori, che risaltano in modo particolare quando viene coltivata in vaso.
Impiego: come solitaria, in gruppi, in aiuola, in vaso.
Pratiche colturali: va collocata a mezz'ombra, al riparo dall'irradiazione solare diretta. Va innaffiata abbondantemente in caso di siccità. Non necessita di potatura primaverile, è sufficiente asportare i fiori e le foglie appassiti.
Resistenza al gelo: sensibile, meglio se coltivata in vaso o in regioni con inverni miti.
Cultivar simili:
- 'Bavaria', colore dal rosa al blu cielo – a seconda del valore di pH – e margini bianchi; ha maggiore resistenza al gelo.

'Mme Emile Mouillière' (Sin.: 'Emile Mouillière', 'Sedgwick's White', 'Tornado')

○–◑ ✿ 7-10 ⬆ 150 ⬌ 150

Colore dei fiori: bianco, con fiori sterili appena sfumati di rosa chiaro a piena maturità, che virano al porpora in autunno.
Forma delle infiorescenze: globose, quasi sferiche con fiori sterili sovrapposti, dai margini leggermente dentellati.
Foglie: verdi, di forma ovale, con margini seghettati.
Caratteristiche: cultivar classica dal portamento armonioso e rigoglioso. Fiorisce in parte anche dai giovani getti.
Impiego: come solitaria, in gruppi, in aiuola, eccellente in vaso (da giovane è molto indicata per gli interni).
Pratiche colturali: molto vigorosa, tollera anche l'insolazione diretta. Ha bisogno di molta acqua, soprattutto in caso di siccità. Non va potata in primavera; è sufficiente rimuovere le parti appassite.
Resistenza al gelo: ottima, è una delle cultivar più resistenti.
Cultivar simili:
- 'Hortulanus H. Witte', dai fiori bianchi con sfumature viola;
- 'Soeur Thérèse', con dense infiorescenze globose bianco candido; forma cespugli fitti e ramificati.

'Nymphe'

●–◑ ✿ 7-9 ⬆ 120 ⬌ 140

Colore dei fiori: candido, bianco puro a maturità; i boccioli sono verde chiaro e si schiariscono man mano che si dischiudono.
Forma delle infiorescenze: globose, di grosse dimensioni; i sepali sono grandi e dentati.
Foglie: verde scuro, di forma ovale e arrotondata, con margini dentati.
Caratteristiche: cultivar dalla crescita intensa e ben ramificata; solitamente si sviluppa più in larghezza.
Impiego: come solitaria, in gruppi, in aiuola, in vaso.
Pratiche colturali: prospera al meglio in posizioni ombreggiate; le infiorescenze sono sensibili ai raggi diretti del sole. Va innaffiata abbondantemente nei periodi di siccità. Non necessita di potatura in primavera; basta rimuovere le parti appassite.
Resistenza al gelo: soddisfacente.

'Otaksa'

○–◑ ✿ 7-10 ⬆ 100 ⬌ 120

Colore dei fiori: dal rosa tenue al blu con sfumature bianche a seconda del valore di pH del terreno; cultivar dall'aspetto

molto delicato; i giovani fiori presentano il centro verde chiaro.
Forma delle infiorescenze: di grosse dimensioni, sferiche, leggermente appiattite, con fioritura regolare; i fiori sterili sono composti da 4-5 sepali.
Foglie: verde brillante con nervature più chiare, di forma ovale, con margini dentati.
Caratteristiche: cultivar dal portamento basso, che forma folti cespugli; solitamente si sviluppa più in larghezza che in altezza.
Impiego: come solitaria, in gruppi, in aiuola, in vaso.
Pratiche colturali: predilige una posizione a mezz'ombra. Va innaffiata abbondantemente nei periodi di siccità e se esposta direttamente al sole. Non necessita di potatura in primavera, è sufficiente asportare foglie e fiori appassiti.
Resistenza al gelo: ottima, è fra le cultivar più resistenti.

'Pink Elf'

●–◑ ✿ 7-9 ⬆ 50 ⬌ 60

Colore dei fiori: rosa molto intenso e luminoso.
Forma delle infiorescenze: globose, piuttosto piccole; i fiori sterili sono composti da sepali appuntiti e sovrapposti, talvolta di dimensioni diverse.
Foglie: verde, di forma ovale, larghe, con margini seghettati.
Caratteristiche: cultivar nana compatta, che crea con la sua fioritura macchie di colore vistose. Si sviluppa più in larghezza che in altezza.
Impiego: come solitaria, in gruppi, in aiuola, adatta come pianta da vaso.
Pratiche colturali: prospera al meglio in posizione a mezz'ombra, al riparo dai raggi diretti del sole. Innaffiature abbondanti nei periodi più aridi. Non necessita di potatura primaverile, è sufficiente rimuovere le parti appassite.
Resistenza al gelo: sensibile al freddo; è consigliabile farla svernare in un luogo riparato; teme le gelate primaverili.

'Otaksa' può essere considerata una 'nonna' tra le cultivar di ortensie, ma è un classico destinato a durare ancora a lungo.

'Renate Steiniger'

●–◑ ✿ 7-10 ⬆ 150 ⬌ 120

Colore dei fiori: dal rosa intenso al blu celeste a seconda del pH del terreno, con tinte autunnali blu-verde sfumate di rosa antico; la splendida colorazione delle infiorescenze ha reso questa ortensia un classico intramontabile.
Forma delle infiorescenze: globose, leggermente appiattite, piuttosto voluminose, con fioritura regolare; i fiori sterili sono arrotondati e sovrapposti.
Foglie: verde scuro, ovali e allungate, con margini dentati.
Caratteristiche: cultivar dal bel portamento, robusta, che forma densi cespugli, regolari.

'Renate Steiniger' ha i corimbi di un irresistibile rosa-violaceo.

Impiego: come solitaria, in gruppi, in aiuola, in vaso.
Pratiche colturali: va posta a mezz'ombra, al riparo dai raggi diretti del sole, e innaffiata abbondantemente nei periodi di siccità. Non necessita di potatura in primavera, basta rimuovere le parti appassite.
Resistenza al gelo: soddisfacente.
Cultivar simili:

- 'Marechal Foch', con una moltitudine di fiori blu tendenti al lilla, formati da sepali non sovrapposti.

'Schneeball'

●–◑ ✿ 7-10 ⬆ 130 ⬌ 150

Colore dei fiori: bianco candido assolutamente puro in piena fioritura; all'inizio i boccioli sono verdi e si tingono di bianco quando si schiudono.
Forma delle infiorescenze: globose, di medie dimensioni, con fioritura regolare; splendidi i fiori sterili dai margini dentati.
Foglie: verde scuro, di forma ovale, ampie, con margini dentati, decisamente grandi in rapporto ai fiori.
Caratteristiche: cultivar robusta, che forma folti cespugli, sviluppandosi di più in larghezza.
Impiego: come solitaria, in gruppi, in aiuola, in vaso.
Pratiche colturali: prospera al meglio in un luogo riparato, non esposto direttamente al sole. Va innaffiata abbondantemente nei periodi più aridi. Non necessita di potatura in primavera; basta rimuovere le parti appassite.
Resistenza al gelo: soddisfacente.

'Schöne Bautznerin'

●–◑ ✿ 7-10 ⬆ 150 ⬌ 100

Colore dei fiori: rosa scuro quando sono in boccio, rossi a maturità; la fioritura si protrae molto a lungo.
Forma delle infiorescenze: globose, leggermente appiattite, di grandi dimensioni; fioritura

I petali di 'Schneeball' ricordano un po' i garofani. Se coltivata in un luogo riparato forma cespugli molto robusti e duraturi.

regolare; i singoli fiori hanno una forma arrotondata.
Foglie: verde scuro, di forma ovale, con margini dentati.
Caratteristiche: cultivar particolarmente rigogliosa, che forma densi cespugli, a portamento espanso.
Impiego: come solitaria, in gruppi, in aiuola, in vaso.
Pratiche colturali: va posta a mezz'ombra, al riparo dai raggi diretti del sole, e innaffiata abbondantemente nei periodi di siccità. Non necessita di potatura in primavera, è sufficiente rimuovere le parti appassite.
Resistenza al gelo: soddisfacente.
Cultivar simili:

- 'Green Shadow', cultivar bassa dal portamento compatto, con piccoli corimbi rosso borgogna che si tingono di rosa scuro a maturità; particolarmente adatta alla coltivazione in vaso.

'Schöne Bautznerin' affascina per le infiorescenze globose compatte costituite da fiorellini sterili sovrapposti.

'Tovelith'

●–◑ ✿ 7-9 ⬆ 80 ⬌ 100

Colore dei fiori: dal rosa carico, al malva all'azzurro ametista a seconda del pH del terreno.
Forma delle infiorescenze: globose, piccole, dalla forma leggermente irregolare; i singoli fiori sono caratterizzati da sepali allungati e appuntiti.
Foglie: verde scuro, di forma ovale allungata, con margini dentati.
Caratteristiche: arbusto basso, che forma cespugli folti e tende a espandersi in larghezza; a maturità regala una vera profusione di fiori; quando è giovane la fioritura è meno abbondante.
Impiego: come solitaria, in gruppi, in aiuola, in vaso.
Pratiche colturali: si sviluppa al meglio in un luogo riparato dai raggi del sole. Necessita di abbondanti innaffiature in caso di siccità. In primavera non ha bisogno di essere potata, basta rimuovere le parti appassite.
Resistenza al gelo: discreta.

'You and Me Romance'

○–◑ ✿ 6-9 ⬆ 100 ⬌ 120

Colore dei fiori: dal rosa all'azzurro chiaro a seconda del pH del terreno; il colore persiste a lungo, e non si sbiadisce ai raggi del sole.
Forma delle infiorescenze: rotonda leggermente appiattita, che si dischiude lentamente dando l'impressione, almeno iniziale, di un'ortensia dai corimbi piatti; i fiori sono doppi e di grandi dimensioni, formati da sepali piuttosto allungati.
Foglie: verde brillante, di media grandezza, forma ovale, con margini crenati.
Caratteristiche: cultivar di recente selezione,

I piccoli fiori simili a ninfee di 'You and Me Romance' assumono un colore rosa su substrati neutri o alcalini.

dal portamento robusto e compatto, che forma densi cespugli, sviluppandosi in larghezza con gli anni; è particolarmente apprezzata per la sua fioritura precoce oltre che per la resistenza al gelo.

Impiego: come solitaria, in gruppi, in aiuola, in vaso. Se il terreno è umido, si adatta anche alle posizioni soleggiate.
Pratiche colturali: le ortensie di questo gruppo crescono al meglio in posizioni riparate; questa cultivar non fa eccezione, tuttavia rispetto alle altre mostra maggiore resistenza ai raggi del sole. Va innaffiata abbondantemente in caso di siccità e se esposta a insolazione diretta. Non ha bisogno di potatura primaverile, basta rimuovere le parti appassite.
Resistenza al gelo: eccellente.
Cultivar simili:
- 'You and Me Forever', con fiori doppi simili a piccole rose;
- 'You and Me Eternity', con fiori doppi particolarmente grandi;
- 'You and Me Passion', con fiori doppi sovrapposti e molto appressati.

Cultivar dai corimbi piatti ('cuffie di pizzo')

'Bläuling'

●–◑ ✿7-9 ⬆80 ⬌100

Colore dei fiori: dal rosa intenso all'azzurro a seconda del pH del terreno.
Forma delle infiorescenze: piatte, costituite da fiori sterili con sepali arrotondati, dal margine crenato, posti intorno al corimbo costituito da fitti fiori fertili.
Foglie: verde scuro, di forma ovale, leggermente lucide, con margini dentati.

Se il pH del substrato è leggermente più basso, il colore dei fiori di 'You and Me Romance' vira al blu. Se il terreno è acido i fiori diventano viola.

'Bläuling', una tipica cultivar dai corimbi piatti di colore azzurro intenso (con valori di pH del terreno bassi).

I fiori sterili di 'Blaumeise' contrastano con i piccoli fiori fertili.

Caratteristiche: cultivar dalla crescita relativamente lenta, che forma folti cespugli dall'effetto decorativo molto gradevole; solitamente si sviluppa più in larghezza che in altezza.
Impiego: come solitaria, in gruppi, in aiuola, pianta da vaso.
Pratiche colturali: si sviluppa al meglio in un luogo riparato non esposto direttamente ai raggi del sole. Necessita di abbondanti innaffiature in caso di siccità. In primavera non ha bisogno di essere potata, basta rimuovere i fiori e le foglie appassiti.
Resistenza al gelo: soddisfacente.

'Blaumeise'

◐–◑ ✿ 7-9 ⬆ 80 ⬌ 100

Colore dei fiori: dal rosa carico al blu-viola a seconda del pH del terreno; effetto di colore intenso.
Forma delle infiorescenze: piatte, larghe anche 25 cm; i fiori sterili sono formati da sepali arrotondati e formano una corona perfetta intorno a quelli fertili.
Foglie: verdi, forma ovale, acuminate, leggermente lucide, con margini seghettati.
Caratteristiche: cultivar molto elegante caratterizzata da una crescita piuttosto lenta, forma fitti cespugli; si sviluppa più in larghezza che in altezza.
Impiego: come solitaria, in gruppi, in aiuola, in vaso.
Pratiche colturali: deve essere posta a mezz'ombra, al riparo dai raggi diretti del sole. Va innaffiata abbondantemente nei periodi di siccità. Non necessita di potatura in primavera, è sufficiente rimuovere le parti appassite.
Resistenza al gelo: soddisfacente.
Cultivar simili:

- 'Zaunkönig', leggermente più piccola, con corimbi fino a 18 cm di diametro di fiori sterili rosa disposti intorno a quelli fertili.

I fiori doppi a forma di stella costituiscono il valore ornamentale della cultivar 'Étoile Violette'.

'Étoile Violette'

○–◑ ✿ 7-9 ⬆ 120 ⬌ 150

Colore dei fiori: dal rosa intenso al blu-viola a seconda del pH.
Forma delle infiorescenze: piatte, costituite da fiori sterili doppi, dai sepali grandi e rotondi.
Foglie: verdi, grandi, di forma ovale, larghe, con margini solo leggermente dentati.
Caratteristiche: cultivar dal portamento compatto, che forma cespugli folti; solitamente si sviluppa più in larghezza che in altezza. Effetto complessivo elegante grazie ai fiori sterili doppi e stellati.
Impiego: come solitaria, in gruppi, in aiuola, in vaso.
Pratiche colturali: va collocata in una posizione di semi-ombra; rispetto alle altre *Macrophylla* tollera meglio l'irradiazione solare diretta e ha bisogno di essere abbondantemente innaffiata nei periodi di siccità. Non necessita di potatura primaverile, è sufficiente rimuovere le foglie e i fiori appassiti.
Resistenza al gelo: soddisfacente.

'Hanabi'

●–◑ ✿ 7-9 ⬆ 120 ⬌ 130

Colore dei fiori: quelli sterili vestono un color bianco candido, quelli fertili azzurri.
Forma delle infiorescenze: piatte, di grandi dimensioni, con fiori sterili doppi e stellati, retti da lunghi peduncoli e disposti ad anello oppure in più ordini.
Foglie: verde scure, di forma ovale appuntita, leggermente lucide.

'Hanabi' ha fiori sterili doppi di un bianco immacolato, dall'aspetto molto simile a piccole ninfee. È una cultivar elegante proveniente dal Giappone.

Caratteristiche: cultivar dalla crescita piuttosto lenta, ma aggraziata ed elegante; molto apprezzata per la particolare forma dei fiori che sbocciano fino a ottobre; in genere si sviluppa più in larghezza.
Impiego: come solitaria, in gruppi, in aiuola, particolarmente adatta come pianta da vaso.
Pratiche colturali: si sviluppa al meglio in un luogo riparato non esposto direttamente ai raggi del sole. Necessita di abbondanti innaffiature in caso di siccità. In primavera non ha bisogno di essere potata, basta rimuovere i fiori e le foglie appassiti.
Resistenza al gelo: scarsa; è consigliabile farla svernare in un luogo al riparo dal gelo.
Cultivar simili:
- 'Hakucho', con infiorescenze più piccole composte da pochi fiori.

I fiori interni azzurri e quelli fertili bianchi creano un'armonia leggiadra in 'Lanarth White'.

'Lanarth White'

○–◑ ✿ 7-9 ⬆ 120 ⬌ 120

Colore dei fiori: bianco candido, verdi quando sono in boccio; fiori fertili azzurri.
Forma delle infiorescenze: piatte; i fiori sterili presentano sepali appuntiti e sono disposti irregolarmente fra quelli fertili.
Foglie: verdi, di forma ovale allungata, leggermente lucide, con margini dentati.
Caratteristiche: cultivar elegante dalla crescita relativamente lenta, che forma cespugli compatti e arrotondati; solitamente si sviluppa più in larghezza che in altezza.
Impiego: come solitaria, in gruppi, in aiuola, in vaso.
Pratiche colturali: va sistemata in un luogo riparato non esposto direttamente al sole, pur sopportando una maggiore esposizione ai raggi solari. Va innaffiata abbondantemente nei periodi di siccità. Non necessita di potatura primaverile, è sufficiente rimuovere le parti appassite.
Resistenza al gelo: molto buona.
Cultivar simili:
- 'Maritima', con infiorescenze di dimensioni inferiori.

'Lemon Wave'

●–◑ ✿ 7-9 ⬆ 120 ⬌ 130

Colore dei fiori: dal rosa delicato al blu pallido a seconda del pH del terreno.
Forma delle infiorescenze: piatte, soffici, con fiori sterili composti da sepali di forma arrotondata.
Foglie: verdi con variegature e margini giallo intenso, di forma ovale, leggermente lucide.

'Mariesii Lilacina' è una tra le prime cultivar introdotte in Europa.

Caratteristiche: cultivar dallo sviluppo relativamente lento, che forma morbidi cespugli espansi. Presenta un aspetto complessivo elegante e affascinante, molto apprezzato per il suo fogliame variegato.
Pratiche colturali: si sviluppa al meglio in un luogo riparato non esposto direttamente al sole, pur sopportando abbastanza bene i raggi solari. Va innaffiata abbondantemente in caso di siccità. Non necessita di potatura in primavera, basta rimuovere le parti appassite.
Resistenza al gelo: discreta.

'Libelle'

◐–◑ ✿7-9 ⬆100 ⬌120

Colore dei fiori: sepali sterili bianchi come la neve, fiori interni fertili azzurri o rosa.
Forma delle infiorescenze: piatte; i fiori sterili sono costituiti da 4 o 5 sepali a coppa con margine liscio, disposti in uno o più anelli o addirittura fra i fiori fertili.
Foglie: verde scuro, di forma ovale, con margini leggermente dentati e nervature evidenti.
Caratteristiche: cultivar dalla crescita relativamente lenta, forma folti cespugli; i rami possono risultare esili e avere bisogno di sostegno; solitamente si sviluppa più in larghezza che in altezza. La fioritura si prolunga fino ai primi freddi.
Impiego: come solitaria, in gruppi, in aiuola; particolarmente apprezzata come pianta da vaso.
Pratiche colturali: deve essere collocata al riparo dai raggi diretti del sole. Va innaffiata abbondantemente nei periodi di siccità. Non necessita di potatura in primavera, è sufficiente rimuovere le foglie e i fiori appassiti.
Resistenza al gelo: soddisfacente.

'Mariesii Lilacina' (Sin.: 'Lilacina')

◐–◑ ✿7-9 ⬆100 ⬌100

Colore dei fiori: dal rosa al blu-viola a seconda del pH del terreno; i fiori fertili centrali vestono tonalità viola o blu più intense.
Forma delle infiorescenze: piatte e molto soffici; fiori sterili posti al margine del corimbo e con sepali appuntiti e leggermente dentellati.
Foglie: verde chiaro, di forma ovale allungata, leggermente lucide, con margini dentati.
Caratteristiche: cultivar molto elegante e di grande valore ornamentale, dalla crescita relativamente lenta e irregolare, che di solito tende a espandersi in larghezza. Fioritura molto abbondante
Impiego: come solitaria, in gruppi, in aiuola, in vaso.
Pratiche colturali: cresce al meglio in un luogo al riparo dall'insolazione diretta, ma tollera piuttosto bene il sole. Va innaffiata abbondantemente nei periodi di siccità. Non necessita di potatura primaverile, è sufficiente rimuovere le parti appassite.
Resistenza al gelo: discreta.
Cultivar simili:
- 'Belzonii', dalla crescita particolarmente intensa,

reca piccoli fiori fertili bianco-azzurri e fiori sterili appariscenti azzurro cielo; i boccioli sono verde chiaro.

'Mariesii Perfecta' (Sin.: 'Blue Wave')

◐–◑ ✿7-9 ⬆120 ⬌150

Colore dei fiori: dal rosa all'azzurro a seconda del pH del terreno; i fiori fertili sono più scuri rispetto a quelli sterili.
Forma delle infiorescenze: piatte, molto decorative e disposte a piani sovrapposti.
Foglie: verde scuro, di forma ovale allungata, con nervature evidenti e margini dentati.
Caratteristiche: cultivar dallo sviluppo intenso, che forma densi e robusti cespugli; di grande effetto anche a distanza, solitamente si sviluppa più in larghezza che in altezza.
Impiego: come solitaria, in gruppi, in aiuola, in vaso.
Pratiche colturali: per esprimere appieno il suo potenziale decorativo va collocata al riparo dal sole e innaffiata abbondantemente, in particolare nei periodi di siccità. Non necessita di potatura primaverile, basta rimuovere le parti appassite.
Resistenza al gelo: soddisfacente.

'Mariesii Perfecta', nota anche sotto la denominazione 'Blue Wave', presenta fiori sterili più appariscenti rispetto all'affine 'Mariesii Lilacina'.

'Messalina'

◐–◑ ✿7-9 ⬆100 ⬌120

Colore dei fiori: rosa caldo.
Forma delle infiorescenze: piatta, con fiori sterili dai sepali tondeggianti che formano un doppio anello intorno a quelli fertili.
Foglie: verdi, di forma ovale, leggermente lucide, con margini dentati.
Caratteristiche: cultivar dalla crescita relativamente lenta, che forma cespugli piuttosto folti e compatti; solitamente si sviluppa più in larghezza che in altezza. Effetto complessivo elegante.
Impiego: come solitaria, in gruppi, in aiuola, in vaso.
Pratiche colturali: si sviluppa al meglio in un luogo riparato non esposto direttamente al sole, pur sopportando meglio di altre l'esposizione ai raggi solari. Va innaffiata abbondantemente in caso di siccità. Non necessita di potatura in primavera, è sufficiente rimuovere le foglie e i fiori appassiti.

'Messalina' si distingue per il tono rosa caldo delle infiorescenze.

Resistenza al gelo: soddisfacente.
Cultivar simili:
- 'Mousmee', con fiori sterili rosa dalle punte blu.

'Tricolor'

○–◑ ✿ 7-9 ⬆ 150 ⬌ 150

Colore dei fiori: dal rosa pallido al bianco a seconda del pH del terreno; fiori fertili più scuri.
Forma delle infiorescenze: piatte di grandi dimensioni, fino a 20 cm di diametro; i fiori sterili, relativamente piccoli, hanno i sepali arrotondati.
Foglie: verdi con screziature chiare, di forma ovale, leggermente lucide, con margini seghettati.
Caratteristiche: cultivar dalla crescita intensa, che forma densi cespugli arrotondati; solitamente si sviluppa più in larghezza che in altezza. L'effetto complessivo è elegante, in particolare per il vivace fogliame variegato.
Impiego: come solitaria, in gruppi, in aiuola, in vaso.
Pratiche colturali: va collocata preferibilmente a mezz'ombra, ma tollera piuttosto bene anche l'insolazione diretta. Come tutte le ortensie ha bisogno di molta acqua, soprattutto in caso di siccità. Non va potata in primavera, è sufficiente rimuovere le parti appassite.
Resistenza al gelo: discreta.
Cultivar simili:
- 'Quadricolor', dal fogliame con variegature ancora più vivaci.

'Veitchii'

○–◑ ✿ 7-9 ⬆ 180 ⬌ 200

Colore dei fiori: bianco crema, verdastri quando sono in boccio; fiori fertili viola tendente al blu.
Forma delle infiorescenze: piatte, voluminose (anche oltre i 20 cm di diametro) e soffici; fiori sterili con sepali arrotondati.

Le foglie variegate di bianco di 'Tricolor' creano un'armonia perfetta con i fiori bianchi. È una cultivar ideale per uno sfondo scuro.

Foglie: verde scuro, talvolta marmorizzate, molto grandi, di forma ovale, con nervature evidenti e margini dentati.
Caratteristiche: arbusto dalla crescita rigogliosa, che forma folti cespugli molto ramificati. Cultivar classica molto elegante, sempre disponibile negli assortimenti dei vivai.
Impiego: come solitaria, in gruppi, in aiuola, in vaso.

Pratiche colturali: cresce al meglio al riparo dal sole diretto, pur sopportando di più l'irradiazione solare rispetto alle altre ortensie di questo gruppo. Va innaffiata molto nei periodi di siccità. Non necessita di potatura primaverile, basta rimuovere le parti appassite.
Resistenza al gelo: ottima.
Cultivar simili:

- 'Fireflame', con foglie sottili e fiori fertili azzurro chiaro.

COLORAZIONE DELLE INFIORESCENZE SU SUBSTRATO ACIDO

Cultivar	Corimbi	Colore dei fiori
'Ayesha'	globosi	dal rosa-viola al cipria
'Bela'	globosi	azzurro, blu cielo intenso
'Bouquet Rose'	globosi	azzurro chiaro
'Elbtal'	globosi	blu cielo intenso
'Endless Summer'	globosi	blu cielo, azzurro
'Générale Vicomtesse de Vibraye'	globosi	azzurro molto intenso
'Hamburg'	globosi	blu-viola luminoso
'Heinrich Seidel'	globosi	violetto
'Otaksa'	globosi	azzurro delicato
'Renate Steiniger'	globosi	blu intenso, quasi scuro
'Tovelith'	globosi	lilla, ametista
'You and Me Romance'	globosi	azzurro chiaro
'Bläuling'	piatti	azzurro intenso
'Blaumeise'	piatti	blu-viola, quasi blu scuro
'Étoile Violette'	piatti	viola-blu delicato
'Lemon Wave'	piatti	azzurro pallido
'Mariesii Lilacina'	piatti	viola-blu
'Mariesii Perfecta'	piatti	azzurro luminoso
'Tricolor'	piatti	bianco

Forme di Hydrangea serrata

Come *Hydrangea macrophylla*, *H. serrata* è originaria del Giappone (in realtà soltanto la sottosp. *koreana*, come si può facilmente intuire dal nome, è di provenienza diversa) e presenta le infiorescenze simili a quelle delle cultivar 'cuffie di pizzo' (piatte). Si distingue dall'ortensia comune per le dimensioni inferiori sia dei cespugli (in media 30-50 cm in meno di altezza), sia delle infiorescenze (che raggiungono i 10 cm).
Le esigenze di queste cultivar e varietà sono assimilabili a quelle del gruppo *Macrophylla*. Amano le posizioni in penombra, poiché sono abbastanza sensibili all'insolazione diretta: in alcune forme il fogliame si ustiona con facilità, riportando antiestetiche macchie brune ai margini. Tuttavia tollerano molto di più il freddo e si adattano meglio alle condizioni climatiche delle regioni settentrionali caratterizzate da inverni rigidi. Le infiorescenze sbocciano piuttosto precocemente, 2-3 settimane prima rispetto alle cultivar di *Macrophylla*, qualità che le rendono ideali in associazioni con queste ultime per prolungare la fioritura nei giardini.

Hydrangea serrata *sottosp.* koreana *si espande molto nei giardini producendo stoloni striscianti, ma senza diventare invadente.*

Hydrangea serrata sottosp. *koreana*

●–◑ ✿6-9 ⬆60 ⬌120

Colore dei fiori: dal rosa al blu cielo a seconda del pH del terreno; i fiori interni fertili hanno tonalità più scure.
Forma delle infiorescenze: piatte e compatte, con i fiori sterili composti da sepali relativamente grandi.
Foglie: verde chiaro, ovali e allungate, con margini dentati e nervature molto evidenti.
Caratteristiche: cultivar dal portamento basso, che forma folti cespugli e tende a espandersi con gli anni mediante la lenta produzione di stoloni (rami che crescono dalla base della pianta e strisciano sul terreno radicando in corrispondenza dei nodi e dando vita a nuovi germogli).
Impiego: come solitaria, in gruppi, in aiuola, in vaso, su superfici piane.
Pratiche colturali: tollera piuttosto bene l'insolazione diretta, ma è preferibile riservarle una collocazione più riparata, a mezz'ombra. Va innaffiata molto nei periodi più aridi. Non ha bisogno di essere potata in primavera, è sufficiente rimuovere le parti appassite.
Resistenza al gelo: eccellente; cresce spontanea nei boschi delle regioni montuose della Corea (fino a 1500 m di quota).

'Blue Bird'

●–◑ ✿7-10 ⬆120 ⬌150

Colore dei fiori: dal rosa all'azzurro a seconda del valore di pH; i fiori fertili al centro hanno tonalità più decise.
Forma delle infiorescenze: piatte, formate da fiori fertili compatti e fiori sterili piuttosto grandi, composti da 4 sepali romboidali disposti a croce. Leggermente profumate.
Foglie: dal verde intenso al verde chiaro, di forma ovale allungata, acuminate, con margini seghettati e nervature evidenti. In autunno assumono uno splendido colore rosso ramato.
Caratteristiche: cultivar robusta, affidabile ed elegante, dalla crescita soffice e ordinata, che tende a espandersi in larghezza con la maturità.
Impiego: come solitaria, in gruppi, in aiuola, in vaso.
Pratiche colturali: si sviluppa al meglio in un luogo riparato dai raggi del sole. Necessita di abbondanti innaffiature in caso di siccità. In primavera non ha bisogno di essere potata; basta rimuovere i fiori e le foglie appassiti.
Resistenza al gelo: buona.
Cultivar simili:
- 'Woodlanders', con portamento più slanciato e corimbi molto simili;

'Blue Bird' è una cultivar di Hydrangea serrata *dal portamento compatto.*

- 'Lace Delight', con fiori fertili e sterili rosa.

'Golden Sunlight'

○–◑ ✿6-9 ⬆60 ⟷80

Colore dei fiori: fiori sterili dal bianco al bianco crema, quelli fertili rosa-rossi.
Forma delle infiorescenze: piatte, composte da pochi fiori sterili dai sepali dentellati (simili a quelli del garofano) intorno ai fiori fertili centrali.
Foglie: di colore inusuale per un'ortensia, dal giallo al giallo-verde, di forma ovale, con margini dentati e nervature evidenti.
Caratteristiche: cultivar dal portamento basso, apprezzata per la colorazione inconsueta del fogliame; i fiori, al contrario, sono poco appariscenti.
Impiego: come solitaria, in gruppi, in aiuola, in vaso.
Pratiche colturali: si sviluppa al meglio in un luogo riparato dal sole, pur sopportandone l'esposizione meglio di altre. Va innaffiata abbondantemente nei periodi di siccità. Non necessita di potatura in primavera, è sufficiente rimuovere le parti appassite.
Resistenza al gelo: buona.

'Impératrice Eugenie'

●–◑ ✿7-9 ⬆120 ⟷150

Colore dei fiori: fiori sterili azzurri o rosa-bianchi e fertili viola a seconda del pH.
Forma delle infiorescenze: piatte, relativamente piccole, formate da fiori sterili dai grandi petali arrotondati.
Foglie: verde scuro, di forma ovale, larghe, leggermente lucide, con margini dentati.
Caratteristiche: cultivar dalla crescita vegetativa piuttosto intensa, che forma densi cespugli, adorna di numerose infiorescenze che le donano eleganza e leggerezza.
Impiego: come solitaria, in gruppi, in aiuola, in vaso.
Pratiche colturali: per esprimere appieno il suo potenziale decorativo va collocata al riparo dall'insolazione diretta e innaffiata abbondantemente, in particolare nei periodi di siccità. Non necessita di potatura primaverile, basta rimuovere le parti appassite.
Resistenza al gelo: buona.
Cultivar simili:

- 'Thunbergii', con infiorescenze ancora più delicate, che in autunno si tingono di rosso; raggiunge i 100 cm di altezza;
- *H. serrata* sottosp. *yezoensis*, forma selvatica dai fiori sterili stellati alta fino a 90 cm.

preferibilmente a mezz'ombra, ma tollera piuttosto bene anche l'insolazione diretta. Ha bisogno di molta acqua, soprattutto in caso di siccità. Non va potata in primavera, è sufficiente rimuovere le parti appassite.
Resistenza al gelo: buona.
Cultivar simili:
- 'Belladonna', con infiorescenze globose leggermente appiattite e delicate; fioritura più precoce; alta 75 cm.

Probabilmente un incrocio con Hydrangea macrophylla*:* H. serrata *'Preziosa'.*

'Preziosa'

●–◑ ✿ 7-9 ⬆ 125 ⬌ 150

Colore dei fiori: attraversano una gamma spettacolare di colori, verde quando stanno per sbocciare, quindi bianco crema, rivelando poi sfumature rosa che si fanno via via più intense, fino ad assumere tinte più decise, come ametista e rosso-bruno, prima di appassire.
Forma delle infiorescenze: compatte e globose, quasi sferiche, simili alle *Macrophylla* anche per le dimensioni insolitamente grandi (15 cm).
Foglie: molto scure, larghe, di forma ovale, leggermente lucide, con margini seghettati e nervature evidenti; a maturità i bordi, le venature e i piccioli si tingono di rosso.
Caratteristiche: cultivar dallo sviluppo relativamente lento, che forma cespugli espansi non particolarmente folti. Si presume che abbia avuto origine da un incrocio con una cultivar di *Macrophylla*, da cui avrebbe ereditato le infiorescenze globose.
Impiego: come solitaria, in gruppi, in aiuola, in vaso.
Pratiche colturali: va collocata

'Prolifera'

●–◑ ✿ 6-8 ⬆ 75 ⬌ 100

Colore dei fiori: rosa o azzurro a seconda del pH del terreno.
Forma delle infiorescenze: piatte, formate da pochi fiori; quelli sterili sono doppi e stellati.
Foglie: verde chiaro, di forma ovale allungata, con superficie rugosa, margini dentati e nervature evidenti.
Caratteristiche: cultivar elegante dalla crescita vegetativa lenta e irregolare; solitamente si sviluppa più in larghezza.
Impiego: come solitaria, in gruppi, in aiuola, in vaso.
Pratiche colturali: tollera piuttosto bene l'insolazione diretta, ma è preferibile riservarle una collocazione a mezz'ombra. Va innaffiata

abbondantemente nei periodi più aridi. Non ha bisogno di essere potata in primavera, è sufficiente rimuovere le foglie e i fiori appassiti.
Resistenza al gelo: buona
Cultivar simili:
- 'Shiro fuji', fiori dal bianco al rosa chiaro, ancor più soffici, foglie sottili; alta fino a 75 cm.

'Rosalba'

●–◑ ✿6-9 ⬆125 ⬌150

Colore dei fiori: dal rosa chiaro all'azzurro tenue i fiori sterili; quelli fertili sono più scuri.
Forma delle infiorescenze: piatte, composte da fiori fertili piuttosto compatti al centro e da pochi fiori sterili dai grandi petali arrotondati.
Foglie: verde scuro, di forma ovale allungata, leggermente lucide, con margini dentati e nervature evidenti. Colorazione autunnale rosso scuro.
Caratteristiche: arbusto elegante dalla crescita relativamente lenta, che forma densi cespugli che si espandono in larghezza con il tempo.
Impiego: come solitaria, in gruppi, in aiuole e bordure, in vaso.
Pratiche colturali: tollera piuttosto bene l'insolazione diretta, ma come a tutte le *Hydrangea* è preferibile riservarle una collocazione a mezz'ombra. Va innaffiata abbondantemente nei periodi aridi. Non ha bisogno di essere potata in primavera, è sufficiente rimuovere le parti appassite.
Resistenza al gelo: buona.
Cultivar simili:
- 'Benigaku', con fogliame scuro; raggiunge i 100 cm di altezza;
- 'Grayswoods', con infiorescenze rosa coronate da fiori sterili inizialmente bianchi, poi di tonalità via via più decise fino al rosso porpora.

'Tiara'

●–◑ ✿6-8 ⬆75 ⬌100

Colore dei fiori: dal rosa chiaro all'azzurro a seconda del pH del terreno; fiori fertili sono di tonalità leggermente più scura.
Forma delle infiorescenze: da piatte a globose, molto eleganti e delicate, con fiori sterili dai grandi sepali interi.
Foglie: verdi, con sfumature più scure, ovali e allungate, con margini lievemente dentati e nervature evidenti.
Caratteristiche: cultivar robusta, dall'aspetto molto gradevole ed elegante dato dalle infiorescenze sul fogliame scuro; forma densi cespugli, espandendosi in genere più in larghezza.
Impiego: come solitaria, in gruppi, in aiuola, in vaso.
Pratiche colturali: va collocata preferibilmente a mezz'ombra, ma tollera piuttosto bene anche l'insolazione diretta. Ha bisogno di molta acqua, soprattutto in caso di siccità. Non va potata in primavera, è sufficiente rimuovere le parti appassite.
Resistenza al gelo: buona.
Cultivar simili:
- 'Blue Deckle', rifiorente, con infiorescenze più compatte e crescita vegetativa particolarmente rigogliosa; raggiunge i 100 cm di altezza;
- 'Intermedia' (sin. 'Acuminata'), con fiori sterili dai sepali dentellati; alta fino a 100 cm.

'Veerle'

●–◑ ✿6-9 ⬆125 ⬌150

Colore dei fiori: dal rosa all'azzurro a seconda del pH del terreno; fiori interni fertili viola chiaro.
Forma delle infiorescenze: piatte, compatte, con fiori sterili dai grandi sepali arrotondati e sovrapposti.
Foglie: verde scuro, di forma ovale, con margini seghettati e nervature molto evidenti. In autunno assumono una colorazione suggestiva che varia dal rosso chiaro al viola.

Hydrangea serrata *sottosp.* yezoensis *'Veerle', cultivar recente dall'intensa colorazione autunnale.*

Caratteristiche: cultivar dalla crescita relativamente lenta, che forma cespugli folti; tende a propagarsi in larghezza mediante la produzione di piccoli stoloni.
Impiego: come solitaria, in gruppi, in aiuola, in vaso.
Pratiche colturali: va collocata preferibilmente a mezz'ombra, ma tollera piuttosto bene anche l'insolazione diretta. Ha bisogno di molta acqua, soprattutto in caso di siccità. Non va potata in primavera, basta rimuovere le foglie e i fiori appassiti.
Resistenza al gelo: ottima.
Cultivar simili:

- 'Autumn Fire', dalle tinte autunnali più chiare arricchite da sfumature gialle e rosse.

Ortensie palla di neve

Insieme alle *Macrophylla*, le ortensie palla di neve *(Hydrangea arborescens)* sono tra gli arbusti più amati nei giardini di campagna. Presentano notevoli vantaggi: dalla fioritura molto ricca e rigogliosa a una buona resistenza al gelo. La gamma non è tuttavia particolarmente assortita: in Occidente ne vengono coltivate solo alcune varietà. Questa specie è originaria delle coste orientali del Nord America.

'Annabelle'

○–◑ ✿6-9 ⬆200 ⟷250

Colore dei fiori: bianco crema, verde chiaro prima di appassire.
Forma delle infiorescenze: globose di grandi dimensioni, vere e proprie palle di neve.
Foglie: verdi, ovali o a cuore, leggermente seghettate ai margini.
Caratteristiche: arbusto compatto, robusto, dalla fioritura particolarmente esuberante.
Impiego: in aiuole e bordure, in gruppi di arbusti, come solitaria, nei giardini campestri.
Pratiche colturali: sopporta bene le posizioni sia in pieno sole sia a mezz'ombra.
Va innaffiata abbondantemente nei periodi più aridi; predilige terreni freschi.
Resistenza al gelo: eccellente.

'Grandiflora'

○–● ✿6–9 ⬆120 ⟷200

Colore dei fiori: bianco crema, verde chiaro prima di appassire.
Forma delle infiorescenze: globose, di notevoli dimensioni, nuvole bianche di fiori sterili più grandi di quelli di 'Annabelle'.
Foglie: verdi, di forma ovale o a cuore, larghe.
Caratteristiche: arbusto compatto, robusto, dalla ricca fioritura. Si propaga lentamente mediante stoloni.
Impiego: in aiuola e bordure, in gruppi di arbusti, solitaria, davanti ad arbusti più alti.
Pratiche colturali: sopporta bene sia le esposizioni ombreggiate sia quelle in pieno sole. Va innaffiata molto, soprattutto nei periodi di siccità; predilige terreni freschi.
Resistenza al gelo: eccellente.

Le infiorescenze globose di 'Annabelle' creano un effetto magnifico a distanza. Sono adatte sia ai giardini campestri sia a strutture formali.

Le ortensie palla di neve, qui 'Grandiflora', sopportano bene l'ombra.

Ortensie a pannocchia

La struttura delle infiorescenze di questa specie *(Hydrangea paniculata)* originaria del Giappone e della Cina si distingue nettamente da quella di tutte le altre ortensie: i fiori sono disposti ordinatamente in pannocchie allungate, simili al flox, con germogli che si protendono decisamente verso l'alto delineando il tipico portamento eretto dell'arbusto. Queste cultivar hanno inoltre la proprietà di fiorire sul legno nuovo (cioè sui rami cresciuti nella stagione vegetativa in corso) consentendo di procedere alle operazioni di potatura anche in primavera. Una potatura decisa ne stimola infatti una ricrescita compatta.

La fioritura più tardiva (a partire dal mese di luglio) rispetto alle altre preserva inoltre queste ortensie da eventuali danni provocati dalle inattese gelate primaverili.

Altra differenza sostanziale rispetto alle cultivar finora prese in esame è la loro predilezione per le esposizioni soleggiate, purché in condizioni atmosferiche non eccessivamente aride.

'Dharuma'

○–◑ ✿5-6 ⬆50 ⬌80

Colore dei fiori: boccioli bianco crema che diventano bianco gesso quando sbocciano.
Forma delle infiorescenze: pannocchie piramidali soffici, costituite da un numero di fiori fertili superiore a quello dei fiori sterili.
Foglie: verde chiaro, con pagina inferiore grigio-verde, di forma ovale allungata e con margini leggermente seghettati.
Caratteristiche: forma nana dalla fioritura precoce per il gruppo di ortensie cui appartiene; portamento tozzo e compatto.
Impiego: in aiuole e bordure, come solitaria, nei giardini campestri; è adatta alla coltivazione in vaso.
Pratiche colturali: ha bisogno di abbondanti irrigazioni nei periodi di siccità. In virtù della fioritura precoce (l'eccezione che conferma la regola!), questa cultivar viene piantata già nel corso dell'anno precedente; pertanto non va potata in primavera: è sufficiente un leggero sfoltimento.
Resistenza al gelo: buona.

'Dharuma', cultivar nana adatta anche ai giardini più piccoli.

'Great Star' (Sin.: 'Le Vasterival')

○–◑ ✿7–9 ⬆200 ⬌150

Colore dei fiori: bianco crema, rosa quando cominciano ad appassire; boccioli verde chiaro.
Forma delle infiorescenze: pannocchie piramidali, che continuano ad allungarsi nel corso della fioritura; fiori sterili stellati costituiti da lunghi sepali ripiegati a cucchiaio.
Foglie: verde scuro, con pagina inferiore grigio-verde, di forma ovale allungata e con margini leggermente seghettati.
Caratteristiche: cultivar di recente selezione, affascinante e appariscente, caratterizzata da una rapida crescita vegetativa, che dà vita a cespugli eretti, espansi e fitti.
Impiego: in aiuole e bordure, come solitaria, nei giardini campestri.
Pratiche colturali: va innaffiata abbondantemente nei periodi più aridi. Se viene lasciata libera di crescere per molti anni, tende a formare cespugli eccessivamente aperti e va ridimensionata con la potatura.
Resistenza al gelo: buona.

La particolarità di 'Great Star' è nei suoi fiori a forma di stella.

Le pannocchie di Hydrangea paniculata *'Grandiflora' sono insuperabili per dimensioni e compattezza dei fiori.*

Le pannocchie della cultivar 'Kyushu' sono soffici e delicate.

'Grandiflora'

○–◑ ✿7-9 ⬆200 ⬌250

Colore dei fiori: bianco crema, che vira al rosa antico al termine della fioritura.
Forma delle infiorescenze: pannocchie piramidali, costituite da numerosi fiori sterili molto fitti, riuniti in grossi grappoli e composti da sepali ellittici sovrapposti.
Foglie: verde scuro, con pagina inferiore grigio-verde, di forma ovale allungata e con margini leggermente seghettati.
Caratteristiche: cultivar molto robusta, che forma arbusti eretti, larghi e folti.
Impiego: in aiuole e bordure, come solitaria, nei giardini campestri.
Pratiche colturali: va innaffiata abbondantemente nei periodi più aridi. Se viene lasciata libera di crescere per molti anni, va rinnovata ricorrendo a una potatura mirata.
Resistenza al gelo: eccellente.

'Kyushu'

○–◑ ✿7-9 ⬆300 ⬌300

Colore dei fiori: verde quando sono in boccio, quindi bianco crema, virano al rosa quando cominciano ad appassire.
Forma delle infiorescenze: pannocchie molto allungate ed eleganti, con base allargata e numerosi fiori fertili.
Foglie: verde scuro, con pagina inferiore grigio-verde, di forma ovale allungata e con margini leggermente seghettati.
Caratteristiche: cultivar con crescita vegetativa rigogliosa e intensa, che forma arbusti eretti, espansi e fitti, dotati di rami esili ma solidi. La fioritura è particolarmente ricca e leggermente profumata.
Impiego: in aiuole e bordure, come solitaria, nei giardini campestri.
Pratiche colturali: ha bisogno di abbondanti innaffiature nei

Il colore dei fiori di 'Limelight' varia dal verde al crema.

periodi più aridi. Lasciata libera di crescere per anni si apre e necessita di una potatura mirata.
Resistenza al gelo: buona.

'Limelight'

○–◑ ✿7-8 ⬆200 ⬌200

Colore dei fiori: verdi quando sono in boccio, bianco crema a maturità quindi nuovamente verdastri. La tonalità di colore ricorda la buccia del limone.
Forma delle infiorescenze: pannocchie dense di fiori sterili lunghe anche fino a 30 cm.
Foglie: verde scuro con pagina inferiore grigio-verde, di forma ovale allungata e con margini leggermente seghettati.
Caratteristiche: cultivar olandese di recente selezione, ricercata per il colore inconsueto e la dimensione delle pannocchie, che persistono sulla pianta fino ad autunno inoltrato.
Impiego: in aiuole e bordure, come solitaria, nei giardini campestri. I fiori sono adatti a essere conservati essiccati.
Pratiche colturali: va innaffiata abbondantemente nei periodi più aridi. Se viene lasciata libera di crescere per anni, tende a formare cespugli troppo aperti e va ridimensionata con una potatura mirata.
Resistenza al gelo: buona.

'Phantom'

○–◑ ✿8-10 ⬆120 ⬌150

Colore dei fiori: bianco crema, virano al rosa quando cominciano ad appassire.
Forma delle infiorescenze: grandi pannocchie a base larga, fino a 30 cm, costituite in massima parte da fiori sterili.
Foglie: verde scuro, grigio-verdi di sotto, ovali e allungate, lievemente seghettate.
Caratteristiche: forma arbusti eretti, larghi e folti; l'altezza moderata la rende adatta anche ai giardini di piccole dimensioni.
Impiego: in aiuole e bordure, come solitaria, in vaso. Le pannocchie essiccate si usano per composizioni di fiori secchi.
Pratiche colturali: va innaffiata abbondantemente nei periodi più aridi. Se viene lasciata libera di crescere, tende ad aprirsi eccessivamente e va rinnovata ricorrendo a una potatura mirata.
Resistenza al gelo: buona.

'Pinky Diamond'

○–◑ ✿6-9 ⬆200 ⬌250

Colore dei fiori: nascono bianchi e si tingono di rosa antico nel corso dell'estate.
Forma delle infiorescenze: pannocchie coniche affusolate,

'Phantom' ha pannocchie molto voluminose e arrotondate.

lunghe fino a 30 cm, ricche di fiori sterili con grandi sepali.
Foglie: verde scuro, di forma ovale e allungata, con margini leggermente seghettati.
Caratteristiche: forma imponenti arbusti larghi e folti.
Impiego: in aiuole e bordure, come solitaria, nei giardini campestri.
Pratiche colturali: va innaffiata abbondantemente nei periodi più aridi. Se lasciata libera di crescere, tende con gli anni a formare cespugli troppo aperti e va ridimensionata con una potatura mirata.
Resistenza al gelo: buona.
Cultivar simili:

- 'Pinky Winky', cultivar recente dalle pannocchie dapprima bianche o limone che si tingono di rosso nel corso dell'estate.

'Praecox'

○–◑ ✿6-8 ⬆200 ⬌200

Colore dei fiori: bianco giallastro, virano al rosa al termine della fioritura.
Forma delle infiorescenze: pannocchie corte e soffici, che fioriscono anche sui getti della stagione in corso; i fiori sterili sono sottili, formati da 4-5 sepali separati; predominano i fiori fertili.
Foglie: inizialmente giallo-verdi, assumono a maturità una tinta decisa verde scuro con pagina inferiore grigio-verde, di forma ovale allungata, con margini leggermente seghettati.
Caratteristiche: arbusti eretti, espansi e folti, ben ramificati.
Impiego: in aiuole e bordure, come solitaria, nei giardini campestri.
Pratiche colturali: ha bisogno di abbondanti irrigazioni nei periodi di siccità. In virtù della fioritura precoce (inusuale tra le ortensie a pannocchia), questa cultivar viene piantata già nel corso dell'anno precedente, pertanto non necessita di potatura primaverile, è sufficiente un leggero sfoltimento e un eventuale intervento dopo la fioritura.
Resistenza al gelo: discreta.

'Tardiva'

○–◑ ✿8-10 ⬆250 ⬌350

Colore dei fiori: bianco crema, rosa prima di appassire.
Forma delle infiorescenze: soffici pannocchie coniche, con fiori sterili costituiti da 4 sepali sovrapposti.
Foglie: verde scuro, con pagina inferiore grigio-verde, ovali e allungate, con margini seghettati.

'Pink Diamond', come 'Pinky Winky', assume una colorazione rosa quando comincia a sfiorire.

Caratteristiche: cultivar molto apprezzata dalla fioritura tardiva, che forma arbusti eretti, larghi e folti.
Impiego: in aiuole e bordure, come solitaria, nei giardini campestri.
Pratiche colturali: va innaffiata abbondantemente nei periodi più aridi. Se lasciata libera di crescere, con gli anni tende a formare cespugli e va sottoposta a una drastica potatura.
Resistenza al gelo: buona.

Caratterizzata da crescita rigogliosa, 'Unique' richiede potatura regolare.

Le pannocchie di 'Wim's Red' si protendono sugli steli.

Al termine della fioritura, le pannocchie di 'Wim's Red' assumono una colorazione rossa.

'Unique'

○–◑ ✿7-9 ⬆200 ⟷300

Colore dei fiori: bianco crema, con il tempo si tingono di rosa.
Forma delle infiorescenze: pannocchie allungate e dense di fiori sterili.
Foglie: verde scuro, con pagina inferiore grigio-verde, piccole, di forma ellittica, con margini leggermente seghettati.
Caratteristiche: cultivar vigorosa che forma arbusti eretti, tondeggianti e fitti.
Impiego: in aiuole e bordure, come solitaria, nei giardini campestri.
Pratiche colturali: va innaffiata abbondantemente nei periodi più aridi. Se viene lasciata libera di crescere, con il tempo tende a formare cespugli aperti e va ridimensionata con una drastica potatura.
Resistenza al gelo: buona.

'Vanille-Fraise'

○–◑ ✿8-9 ⬆200 ⟷150

Colore dei fiori: bianco crema, rosa intenso quando appassiscono.
Forma delle infiorescenze: pannocchie larghe e coniche; predominano i fiori sterili disposti molto appressati.
Foglie: verde scuro con superficie inferiore grigio-verde, di forma ovale allungata, con margini leggermente seghettati.
Caratteristiche: cultivar vigorosa, caratterizzata da una crescita vegetativa rapida, che forma arbusti eretti, ampi e folti. I germogli giovani sono di colore rosso-marrone intenso.
Impiego: in aiuole e bordure, come solitaria, nei giardini campestri.
Pratiche colturali: va innaffiata abbondantemente soprattutto nei periodi aridi. Se viene lasciata crescere liberamente, dà vita a cespugli troppo aperti che vanno sottoposti a una potatura mirata.
Resistenza al gelo: eccellente.

'Wim's Red'

○–◑ ✿8-9 ⬆150 ⬌150

Colore dei fiori: cultivar selezionata di recente, con fiori bianco crema che assumono un'insolita colorazione bordeaux nel corso della stagione.
Forma delle infiorescenze: pannocchie soffici che donano alla pianta un effetto complessivo elegante.
Foglie: verde scuro, con superficie inferiore grigio-verde, di forma ovale allungata, con margini leggermente seghettati; sono sorrette da piccioli rossi.
Caratteristiche: cultivar molto apprezzata che forma arbusti eretti, ampi e folti, con pannocchie persistenti che incrementano il valore ornamentale della pianta
Impiego: in aiuole e bordure, come solitaria, nei giardini campestri.
Pratiche colturali: va innaffiata molto nei periodi più aridi. Se viene lasciata libera di crescere, tende a formare cespugli aperti e va ridimensionata con una drastica potatura. Per mantenerla bassa e compatta si consiglia di potarla ogni primavera, soprattutto se è impiegata nelle bordure miste.
Resistenza al gelo: buona.

Ortensie quercifolia

Come si intuisce dal nome, queste ortensie (*Hydrangea quercifolia*) sono caratterizzate da foglie lobate che ricordano nella forma quelle delle querce. Fra tutte le ortensie, si distinguono anche per la suggestiva colorazione autunnale del fogliame, che da verde intenso acquisisce tonalità progressivamente più scure fino a vestire calde tonalità di rosso. Le infiorescenze sono a pannocchia e appariscenti.

Hydrangea quercifolia

◐–● ✿7-8 ⬆150 ⬌200

Colore dei fiori: bianco crema, virano al rosa quando cominciano ad appassire.
Forma delle infiorescenze: larghe pannocchie coniche; il numero dei fiori sterili e dei fiori fertili è all'incirca lo stesso.
Foglie: verde scuro, grandi, profondamente lobate, con margini seghettati. In autunno si tingono di rosso intenso.
Caratteristiche: specie vigorosa che forma cespugli ampi ed eretti; con l'età tende a propagarsi molto in larghezza mediante la produzione di stoloni.

La delicata bellezza dei fiori di Hydrangea quercifolia.

I fiori di Hydrangea quercifolia *persistono anche se appassiti.*

I corimbi di 'Harmony' sono densi di fiori sterili e compatti.

Impiego: in aiuole e bordure, come solitaria, in gruppi, in associazioni miste davanti ad arbusti più alti.
Pratiche colturali: se il terreno è fresco in profondità, beneficia ampiamente di una posizione soleggiata rivelandosi in tutto il suo splendore. Ha bisogno di abbondanti innaffiature nei periodi aridi e non va potata in inverno, poiché le infiorescenze crescono sulla vegetazione dell'anno precedente; è sufficiente rimuovere le parti appassite; la potatura va rimandata a dopo la fioritura.
Resistenza al gelo: sensibile in giovane età, buona con la maturità.

'Harmony'

◐–● ✿ 7-8 ⬆ 200 ⬌ 200

Colore dei fiori: boccioli verde chiaro che alla schiusura rivelano un bianco candido, assumendo con il tempo una splendida tonalità crema per virare infine al rosa.
Forma delle infiorescenze: larghe e morbide pannocchie coniche, ricolme di fiori sterili disposti fittamente.
Foglie: verde scuro, grandi, profondamente lobate. In autunno si tingono di rosso.
Caratteristiche: vigorosa cultivar che forma cespugli ampi ed eretti; con l'età si propaga in larghezza mediante la produzione di stoloni.
Impiego: in aiuole e bordure, come solitaria, in gruppi, davanti ad arbusti più alti; infiorescenze adatte a essere essiccate.
Pratiche colturali: se il terreno è fresco in profondità, va collocata in una posizione soleggiata. Le piante giovani hanno bisogno di essere sostenute affinché le infiorescenze non si pieghino sugli steli. Va innaffiata abbondantemente nei periodi aridi. Non necessita di potatura in primavera, è sufficiente rimuovere le parti appassite.
Resistenza al gelo: sensibile in giovane età, buona in seguito.

'Sike's Dwarf'

◐–● ✿ 7-8 ⬆ 100 ⬌ 120

Colore dei fiori: bianco crema, che vira al rosa con la stagione.
Forma delle infiorescenze: larghe pannocchie coniche di notevoli dimensioni (fino a 30 cm di lunghezza); i fiori fertili formano un denso cuscino che conferisce all'infiorescenza una consistenza molto soffice; fiori sterili dai sepali interi.
Foglie: verde scuro, grandi, profondamente lobate, sorrette da un lungo picciolo. Colorazione autunnale rossa intensa.
Caratteristiche: cultivar nana, che forma cespugli espansi

'Snowflake' produce corti stoloni che si sviluppano in larghezza.

ed eretti, adatta alla coltivazione in vaso e agli spazi ristretti.
Impiego: in aiuole e bordure, come solitaria, in gruppi, in vaso; per composizioni di fiori freschi.
Pratiche colturali: se il terreno è fresco, si adatta molto bene alle esposizioni soleggiate. Va innaffiata abbondantemente nei periodi aridi, e non deve essere potata in primavera; è sufficiente rimuovere le parti appassite.
Resistenza al gelo: sensibile in giovane età, poi buona.

'Snowflake'

●–● ✿7-8 ⬆150 ⟷150

Colore dei fiori: verdognoli, poi bianco crema, quindi rosa, per assumere infine tonalità viola-brune.
Forma delle infiorescenze: larghe pannocchie coniche, composte da fiori sterili doppi.
Foglie: verde scuro, grandi, profondamente lobate, con margini lievemente seghettati. Colorazione autunnale rossa.
Caratteristiche: forma arbusti ampi ed eretti, che con il tempo tendono a espandersi mediante la produzione di stoloni.
Impiego: in aiuole e bordure, come solitaria, in associazioni miste davanti ad arbusti più alti.
Pratiche colturali: su terreno fresco e ben drenato, può essere collocata al sole. Va innaffiata molto nei periodi aridi e non deve essere potata in primavera; è sufficiente rimuovere le parti appassite, rimandando la potatura a dopo la fioritura.
Resistenza al gelo: sensibile in giovane età, migliora col tempo.

'Snow Queen'

●–● ✿7-8 ⬆200 ⟷200

Colore dei fiori: bianco crema, che con il tempo tende a virare al rosa.
Forma delle infiorescenze: grandi pannocchie coniche piuttosto affusolate, di struttura soffice e uniforme.
Foglie: verde scuro, grandi, profondamente lobate, rosso porpora in autunno.
Caratteristiche: vigorosa cultivar che forma cespugli espansi ed eretti; con il tempo tende a propagarsi in larghezza mediante la produzione di stoloni. In inverno le gemme e la corteccia dei rami assumono una colorazione arancio.
Impiego: in aiuole e bordure, solitaria, in associazioni miste.
Pratiche colturali: se il terreno è fresco in profondità, può essere collocata in pieno sole. Va innaffiata molto nei periodi aridi. Non necessita di potatura in primavera, basta rimuovere le parti appassite.
Resistenza al gelo: sensibile in giovane età, buona con gli anni.

Specie selvatiche

Oltre alle ortensie oggetto di coltivazione presentate fino a questo momento, esistono anche altre specie selvatiche, adatte per il giardino ed esteticamente molto gradevoli. Purtroppo la maggior parte di esse è poco conosciuta e di conseguenza poco diffusa, ma meriterebbero maggiore attenzione poiché non hanno nulla da invidiare alle altre.

Hydrangea aspera

●–● ✿7-8 ⬆250 ⟷300

Colore dei fiori: fiori sterili violetti, rosa o chiari; i fiori fertili all'interno sono più scuri.
Forma delle infiorescenze: corimbi piatti, lunghi fino a 25 cm, costituiti da un cuscino di fiori fertili e da un numero limitato di fiori sterili.
Foglie: verdi, larghe, lanceolate, tomentose (ricoperte di peluria), relativamente grandi; temono il sole diretto.
Caratteristiche: arbusto dalla crescita imponente

Le forme selvatiche più alte, qui Hydrangea aspera*, si distinguono per le forme di crescita particolari e l'effetto discreto dei loro fiori.*

che dà vita a cespugli densi e soffici.

Impiego: come solitaria, in gruppi, davanti ad arbusti più alti; si associa molto bene a piante sempreverdi.

Pratiche colturali: arbusto bello ed elegante che si adatta perfettamente alle esposizioni in penombra, prediligendo terreni ricchi di sostanze nutritizie ma permeabili. Va innaffiato molto nei periodi di siccità.

Non necessita di potatura in primavera, basta rimuovere le parti appassite. In inverno è possibile lasciare i fiori secchi sulla pianta, che oltre ad avere valore ornamentale, proteggono le nuove gemme dal gelo.

Resistenza al gelo: eccellente, infatti può sopportare temperature anche molto basse (sotto lo zero).

Cultivar:

- 'Kawakami', dal portamento più esile, alta 1,5 m.

Ortensia cinese
Hydrangea heteromalla

○–◑ ✿ 6-7 ⬆ 300 ⬌ 200

Colore dei fiori: bianco crema con sfumature rosate quelli sterili; bianco-verdastri i fiori fertili al centro.

Forma delle infiorescenze: corimbi piatti aperti, composti al centro da fiori fertili raccolti in un soffice cuscino e da pochi fiori sterili.

Foglie: verdi, più chiare sotto, larghe, lanceolate.

Caratteristiche: arbusto solido a fioritura precoce, con corteccia che si solleva rivelando il legno color castano. Nel suo habitat può raggiungere i 6 m di altezza.

Impiego: in associazioni miste di arbusti, siepi, come solitaria (considerando le dimensioni).

Pratiche colturali: se il terreno è fresco, può essere collocata in pieno sole. Va innaffiata abbondantemente nei periodi aridi, e non deve essere potata in inverno poiché le infiorescenze

Hydrangea heteromalla *mantiene il suo valore ornamentale anche dopo la fioritura, grazie alla corteccia che tende ad arricciarsi.*

crescono sulla vegetazione dell'anno precedente.
Resistenza al gelo: buona; proteggere durante i primi anni.
Cultivar:
- 'Bretschneideri', colorazione dei corimbi tendente al rosa al termine della fioritura, alta fino a 3 m.

Ortensia involucrata
Hydrangea involucrata

○–◑ ✿7-9 ⬆120 ⟷150

Colore dei fiori: fiori sterili bianco crema, fiori fertili verdognoli al centro.
Forma delle infiorescenze: la specie trae il nome dalla conformazione dei boccioli, racchiusi all'interno di 'involucri' (composti da 6 brattee), che si aprono rivelando piccole sfere destinate a trasformarsi in soffici corimbi.
Foglie: verde scuro, tomentose, di forma ovale, larghe, con margini finemente seghettati.
Caratteristiche: specie selvatica dalla crescita piuttosto lenta, adatta per posizioni riparate (tipiche del sottobosco in cui vive in natura). È originaria del Giappone, dove cresce allo stato spontaneo fino ai 1500 m di quota.
Impiego: in aiuole e bordure, come solitaria, in gruppi, in associazioni miste davanti ad arbusti più alti.
Pratiche colturali: è essenziale riservare a questa specie una posizione ombreggiata per preservare l'integrità delle sue foglie (particolarmente sensibili al sole); va innaffiata molto, soprattutto nei periodi più aridi e non necessita di potatura primaverile; in inverno è buona norma lasciare i fiori secchi sulla pianta per proteggere le nuove gemme dal gelo.
Resistenza al gelo: discreta.
Cultivar:
- 'Hortensis', cultivar dalla crescita piuttosto contenuta (alta intorno a 80-100 cm).

Ortensia sargentiana
Hydrangea sargentiana
(Sin.: *H. aspera*
sottosp. *sargentiana*)

◐–● ✿7-8 ⬆250 ⟷300

Colore dei fiori: quelli sterili sono bianchi con sfumature rosate, quelli fertili più scuri, dal lilla intenso al violetto.
Forma delle infiorescenze: corimbi piatti, con fiori fertili appressati a formare un denso cuscino e pochi fiori sterili (composti ognuno da 4 sepali).
Foglie: verde opaco, ampie, lanceolate, molto grandi, vellutate al tatto.

Hydrangea involucrata *sfoggia boccioli particolarmente belli.*

Hydrangea sargentiana *è un arbusto imponente dalle foglie vellutate.*

*L'ortensia rampicante (*Hydrangea petiolaris*) cresce dapprima lentamente, ma col tempo arriva a coprire intere pareti.*

Caratteristiche: arbusto imponente, bello ed elegante, caratterizzato da una vegetazione soffice.
Impiego: come solitaria, in gruppi, adatta ai grandi giardini.
Pratiche colturali: nei terreni troppo ricchi di sostanze nutritizie il legno matura male rendendo la pianta più sensibile al gelo. Va posta in penombra e innaffiata abbondantemente nei periodi di siccità; non necessita di potatura primaverile.
Resistenza al gelo: buona.

Ortensia villosa
Hydrangea villosa
(Sin.: *H. aspera* sottosp. *villosa*)

◐–● ✿ 7-8 ⬆ 300 ⟷ 300

Colore dei fiori: fiori sterili lilla o viola chiaro, quelli fertili più scuri, nelle sfumature di blu.
Forma delle infiorescenze: corimbi piatti (con un diametro anche di 15 cm) composti da un cuscinetto di fiori fertili e pochi fiori sterili, costituiti da 4 sepali.
Foglie: verde scuro, lanceolate, piuttosto grandi, morbide e tomentose, con margini leggermente seghettati.
Caratteristiche: arbusto bello ed elegante, che si impone con la sua soffice crescita in ogni giardino.
Impiego: solitaria e in gruppi.
Pratiche colturali: predilige le esposizioni riparate, ma cresce rigogliosamente anche in posizioni più luminose purché le venga assicurato un substrato fresco. Soffre nei periodi aridi, pertanto bisogna incrementare le innaffiature. Non necessita di potatura primaverile, basta rimuovere le parti appassite.
Resistenza al gelo: buona.

Rampicanti e specie affini

Il genere *Hydrangea* annovera una specie dal portamento rampicante (*H. petiolaris*) apprezzata per la sua capacità di aderire alle superfici verticali in ombra, costituendo una valida alternativa (per di più fiorita) all'edera. Poco conosciuto è invece lo schizophragma (*Schizophragma hydrangeoides*), che pur non essendo un'ortensia, ha un aspetto molto simile e fa parte della stessa famiglia (Idrangeacee). Per questo motivo non poteva mancare nella trattazione di questo volume.

Ortensia rampicante
Hydrangea petiolaris
(Sin.: *H. anomala* sottosp. *petiolaris)*

◐–● ✿ 6-7 ⬆ 10 m ⟷ 300

Colore dei fiori: i fiori sterili sono bianco avorio, quelli fertili bianco-verde.
Forma delle infiorescenze: corimbi piatti, con lunghi peduncoli a sostegno dei fiori sterili e fiori fertili appressati in un denso cuscino.
Foglie: verde intenso, coriacee, di forma ovale appuntita, con margini finemente seghettati.

Caratteristiche: si tratta di un arbusto molto resistente e con poche esigenze, che in giovane età si sviluppa con una certa lentezza, ma che una volta ben adattato, rivela una crescita quasi esplosiva.
Impiego: splendida pianta dal portamento tappezzante, capace di valorizzare pareti esterne, vecchi alberi, pergolati ecc.
Pratiche colturali: cresce in tutti i terreni non troppo duri, prediligendo le posizioni in ombra o penombra, riparate dal vento (soprattutto in inverno). Non necessita di potatura, solitamente è sufficiente rimuovere solo i rami vecchi.
Resistenza al gelo: buona.

Schizophragma
Schizophragma hydrangeoides

◐–● ✿ 6-7 ⬆ 10 m ⬌ 300

Colore dei fiori: i fiori sterili sono bianchi o crema, quelli fertili rosa tenue.
Forma delle infiorescenze: corimbi piatti, composti da un cuscinetto di fiori fertili appressati circondati da un numero inferiore di fiori sterili. A differenza delle 'vere' ortensie, lo schizophragma ha fiori a forma di cuore disposti singolarmente sugli steli.
Foglie: verdi, coriacee, ampie e lanceolate, con margini seghettati. Colorazione autunnale rosso arancio.
Caratteristiche: pianta robusta bisognosa di poche cure e dalla crescita più vigorosa rispetto a *H. petiolaris* (soprattutto in giovane età), dotata anch'essa di radici avventizie che le consentono di avvinghiarsi tenacemente ai sostegni.
Impiego: come pianta tappezzante, per ricoprire pareti esterne, vecchi alberi, pergolati.
Pratiche colturali: cresce in tutti i terreni da giardino non troppo duri, prediligendo le posizioni in ombra o in penombra, riparate dal vento (soprattutto in inverno). Non necessita di potatura, è sufficiente rimuovere solo i rami vecchi.
Resistenza al gelo: buona.
Cultivar:
- 'Moonlight', le foglie presentano la pagina superiore leggermente più chiara che contrasta vivacemente con le nervature più scure. Varietà interessante, ma di difficile reperibilità;
- 'Roseum', con corimbi formati da fiori sterili rosa chiaro.

Lo schizophragma è imparentato con le ortensie rampicanti. La differenza sta nella forma a cuore dei sepali dei fiori sterili.

Strutturare il giardino con le ortensie

Le varie specie di ortensie sono molto diverse tra loro per quanto riguarda aspetto e portamento. Altrettanto varie sono le loro possibilità di utilizzo all'interno del giardino. Oltre all'effetto cromatico dei fiori, nella progettazione è bene tener presente anche della funzione decorativa del fogliame.

Ogni ortensia al posto giusto

La scelta relativa alle piante adatte ai punti in ombra del giardino è piuttosto limitata. Tra le ortensie, invece, la maggior parte delle specie risulta adeguata a queste condizioni. Ma non mancano specie che vivono bene anche in penombra o al sole.

Il giardino ombroso

Molti vecchi giardini sono caratterizzati da zone in ombra più o meno diffuse. Gli alberi piantati tanti anni prima si sono sviluppati bene, sono cresciuti, e le loro chiome proiettano ombra sulle aiuole. In queste condizioni di luminosità le ortensie si sentono a proprio agio in virtù dell'umidità dell'aria relativamente elevata. In particolare, le palla di neve (*Hydrangea arborescens*) sono estremamente tolleranti e crescono in maniera rigogliosa anche nelle zone poco rischiarate dalla luce del sole.
Queste specie possono essere impiegate singolarmente, in piccoli gruppi o anche in associazione con altri arbusti. Con piante caratterizzate da altezza e portamento differenti risulta facile realizzare la scenografia desiderata.

Il bianco rischiara gli angoli bui

Nelle zone più scure, i fiori dai colori chiari, in particolare bianchi, danno risultati molto gradevoli facendo percepire all'osservatore una maggiore profondità e balzando, per così dire, 'in primo piano'. Anche insieme con fiori dalle sfumature rosa e lilla creano un'atmosfera luminosa. I colori pastello, che a distanza si confondono tra loro, risultano poi particolarmente belli quando l'osservatore ammira i dettagli della composizione da vicino.

◀ *Rigoglioso, spontaneo e con un tocco di nostalgia: ecco un giardino campestre davvero bellissimo.*

I colori chiari risaltano su uno sfondo scuro e aumentano il senso di profondità del giardino.

I fiori dai colori scuri risaltano soprattutto se osservati da vicino.

Fiori dai colori scuri

Anche i fiori dai colori scuri, quali il rosso cupo e il viola, vanno osservati da vicino poiché si perdono completamente su uno sfondo buio, come una siepe di tasso. Le ortensie con questi tipi di infiorescenze, come *Hydrangea sargentiana* e *H. aspera*, raggiungono tuttavia un'altezza che le rende adatte a costituire esse stesse lo sfondo per arbusti più bassi e per piante erbacee da fiore. La bellezza dei loro corimbi si rivela pienamente man mano che ci si avvicina, creando talvolta un effetto a sorpresa.

Il bambù può rappresentare un candidato, indicato e consigliato, per fare da sfondo a queste ortensie: le sue foglie sottili e chiare e il portamento eretto producono un contrasto efficace con le foglie vellutate di colore verde scuro e i cespugli espansi di questi arbusti fioriti.

Colori delicati per le zone in ombra

La maggior parte degli arbusti adatti alle zone in ombra è caratterizzata, non a caso, dal colore delicato dei fiori che risaltano in modo particolare su uno sfondo scuro di arbusti, rischiarando le parti più ombrose del giardino. Anche se solitamente i fiori sono piccoli, sono tuttavia numerosi e le infiorescenze sono rigogliose. Questi arbusti possono creare, per esempio, un meraviglioso contrasto con le ampie foglie di *Hosta*. Particolarmente appariscente, non foss'altro che per la sua altezza di 2 m, è la barba di becco (*Aruncus dioicus*), dai cui cespi a partire dal mese di giugno si innalzano le ricche infiorescenze color crema.

Più piccola e delicata, ma dotata di struttura simile, è l'astilbe (*Astilbe*), di cui si possono trovare cultivar in tutte le tonalità di

PARTNER PER ORTENSIE DAL SAPORE ORIENTALE

Nome	Altezza	Note
Astilbe (*Astilbe*)	arbusto ramoso e stolonifero, alto fino a 50 cm	foglie morbide, verde scuro; fiori a candela bianchi, rosa, rossi
Bambù (*Fargesia murieliae*)	eretto, con estremità dei rami pendenti, fino a 5 m	foglie lanceolate o a cuore, con venature evidenti, anche variegate; fiori bianchi o lilla
Bosso (*Buxus sempervirens*)	folto cespuglio, altezza variabile a seconda della potatura	foglie verde chiaro, molto sottili e allungate
Hosta (*Hosta*)	cespuglio foglioso di forma allargata,	foglie verde chiaro, molto sottili e allungate fino a 60 cm
Scipro (*Miscanthus sinensis*)	cespitosa, eretta, a boschetto, fino a 2 m	foglie sottili e allungate, incurvate verso il basso; fiori riuniti in pannocchie
Rodgersia (*Rodgersia podophylla*)	arbusto dal fogliame ornamentale, forma folti boschetti, fino a 120 cm	foglie grandi, verde scuro, palmate; fiori riuniti in pannocchie bianco crema

Un giardino dal sapore orientale

Lo stile caratteristico dei giardini giapponesi, il Feng-Shui come filosofia di vita per una relazione armonica tra l'uomo e l'ambiente, il trionfo del bambù nei nostri giardini: ecco alcuni elementi che negli ultimi anni hanno avvicinato l'Asia ai nostri giardini. Con i giusti partner, le ortensie possono essere ben inserite in un complesso ispirato ai giardini orientali. Come già abbiamo detto, slanciate piante di bambù creano uno sfondo armonico e gradevole per gruppi di ortensie. In primavera le azalee, con il loro portamento basso e la loro forma a cuscino, garantiscono vivaci macchie di colore e, al momento della fioritura delle ortensie, si presentano come perfetti elementi scuri in primo piano. Anche sfere o arbusti di bosso variamente potati contribuiscono a creare un'atmosfera orientale, accostati magari a singole piante di hosta dalle grandi foglie.

bianco, rosa e rosso. Le **piante tappezzanti**, nel cui ambito si possono scegliere e combinare varie cultivar, sono raccomandabili per la parte più bassa della scenografia; conviene dunque inserire nel progetto per le zone in ombra anche specie erbacee copriterreno o comunque basse, magari optando per qualche specie sempreverde. I corimbi chiari e delicati delle ortensie 'cuffie di pizzo' o delle forme selvatiche che crescono fino ad altezza maggiore si armonizzano con garbo con diversi tipi di arbusti e, a seconda dell'altezza, possono essere disposti sia in primo piano sia come sfondo.

La combinazione di bambù e arbusti fioriti conferisce a questo giardino un sapore asiatico.

L'ideale per le ortensie: la penombra

Durante il giorno, nella maggior parte del giardino si alternano momenti di sole e momenti d'ombra. Le ortensie prediligono luoghi luminosi ma in penombra, per esempio, ai piedi di arbusti non troppo alti, in cui sia garantita anche un'adeguata umidità atmosferica. Un tetto di foglie protegge dal caldo sole di mezzogiorno, pur lasciando filtrare luce a sufficienza per le piante sottostanti. Ma le ortensie si sentono a proprio agio anche all'ombra di una casa, mentre patiscono molto negli spazi ricavati tra un edificio e l'altro, soprattutto in città, attraverso i quali l'aria si incanala, inaridendo il terreno e l'atmosfera. Anche nelle zone che godono dell'ombra della casa per alcune ore del giorno bisogna prestare attenzione alle condizioni in cui le piante si verranno a trovare ed evitare che il sole le raggiunga proprio nel mezzogiorno; è preferibile che l'esposizione all'insolazione diretta avvenga al mattino o dalla metà del pomeriggio fino a sera.

Le ortensie si inseriscono senza problemi nelle composizioni di arbusti, piante erbacee perenni e rampicanti.

ARBUSTI PER COMBINAZIONI CON LE ORTENSIE

Nome	**Altezza**	**Note**
Acero del Giappone (*Acer japonicum*)	2-4 m	colorazione rossa autunnale, numerose cultivar
Agrifoglio (*Ilex aquifolium*)	3-5 m	sempreverde, bacche rosse in autunno su piante femminili
Corniolo (*Cornus florida*)	4-6 m	spettacolari fiori bianchi o rosa (maggio-giugno)
Fothergilla major	1,5-3 m	fiori a candela argentati; fogliame con colori vivaci
Lauroceraso (*Prunus laurocerasus*)	1-4 m	sempreverde, fiori a candela bianchi (maggio-giugno)
Osmanto (*Osmanthus* x *burkwoodii*)	1,5-2 m	sempreverde, fiori bianchi (maggio-giugno), profumato

Nel giardino soleggiato

Ammesso che non debbano soffrire per mancanza d'acqua, alcune specie di ortensie si trovano a proprio agio anche in luoghi soleggiati. Nessuna però resiste a lungo sotto i raggi del sole se il terreno è asciutto; anche brevi periodi di aridità possono essere causa di danni e indebolimento della pianta.

In un terreno ricco di humus, permeabile e fresco in profondità, purché abbondantemente irrigato nei periodi di siccità, le ortensie comuni (*Hydrangea macrophylla*) possono adattarsi anche nelle aree del giardino soleggiate. L'**innaffiatura**, indispensabile nei mesi estivi, è comunque più agevole nelle zone del giardino vicino alla casa, magari attigue alla terrazza o all'entrata del garage. Per gruppi di ortensie o associazioni miste di arbusti più lontani, per esempio, vicini alla recinzione, vale la pena prendere in considerazione un sistema d'innaffiatura automatico.

Principi strutturali

Per creare un complesso armonico, capace di suscitare emozione nell'osservatore, bisogna tenere presente diversi elementi nell'accostamento fra le piante:

il **colore dei fiori** e il loro effetto complessivo, i colori e la **struttura del fogliame**, nonché adeguate **altezze a scalare**; tutti aspetti fondamentali quando si vuole creare un effetto d'insieme omogeneo. Decisivo, naturalmente, è il gusto personale, ma alcune regole di base possono semplificare la scelta delle piante e aiutano a creare combinazioni che mantengano intatta nel tempo tutta la loro bellezza.

Se innaffiata a dovere, la maggior parte delle ortensie si sviluppa bene anche in pieno sole.

Considerazioni generali sull'effetto dei colori

Il colore è l'elemento strutturale che viene percepito per primo. I colori e le combinazioni sollecitano nell'osservatore reazioni istintive. Oltre all'effetto delle singole tonalità, le tinte possono influenzarsi, rafforzarsi o smorzarsi a vicenda negli accostamenti.

L'effetto dei singoli colori

- Il **bianco** è elegante e brillante e si armonizza con tutti gli altri colori. Le piante a fioritura monocromatica possono avere un effetto molto leggero e arioso attraverso diverse sfumature di bianco, ma necessitano di essere bilanciate, per esempio, con il verde delle foglie, per non apparire smorte e prive di contorni. Il bianco, poi, può sempre essere impiegato come elemento separatore di colori che non si armonizzano tra loro.
- Il **rosso**, a seconda della tonalità, può avere effetti molto diversi. Il rosso brillante, tendente all'arancio, ha un aspetto luminoso e sgargiante, che attira l'attenzione. Il rosso che ha in sé una punta di blu, crea un effetto diverso, che talvolta può risultare freddo. Le due varietà di rosso non vanno combinate insieme per evitare che 'si scontrino'.
- Il **rosa** è un colore che amalgama. A esso si associano la dolcezza, il romanticismo, il profumo. Come con il bianco, bisogna però avere cura di inserire nella struttura sufficienti elementi dal colore più intenso, in modo da evitare che l'insieme appaia poco definito e privo di contorni.
- L'**azzurro** è un colore freddo che offre una sensazione di freschezza e di relax. Sia il mare sia il cielo sono azzurri, e simboleggiano l'eternità e la pace. Nell'azzurro vi sono gradazioni che tendono alle tonalità del viola, rivelando un effetto più caldo rispetto all'azzurro puro. Le tonalità di turchese sono le più fredde.
- Il **verde**, non a caso, è considerato un colore capace di infondere tranquillità. Come il bianco unisce e media tra tutti i colori, senza dominare mai sugli altri.

Combinate insieme le diverse varietà di ortensie, grazie alle differenze dei fiori nella forma e nei colori, creano sempre una composizione armonica.

Una questione di sfumature

Lo spettro di colori delle ortensie va dalle sfumature di bianco, giallo e verde attraverso le tonalità vellutate del rosa e del viola fino all'azzurro e al blu. Le tonalità di rosso compaiono molto raramente, come anche l'arancio. Le cultivar dai fiori rossi che si trovano in commercio potrebbero essere in realtà definite come rosa intenso o rosa-rosso. Non esistono nemmeno cultivar realmente gialle; in questo caso sono le tonalità di bianco che sfumano sconfinando nel verdastro o nel giallo crema.

Molte cultivar di **ortensie** con infiorescenze **a pannocchia** (*Hydrangea paniculata*) variano il colore dei loro fiori dal bocciolo al fiore aperto, solitamente passando dal bianco a tonalità di verde o di rosa pastello. Questo aspetto può risultare particolarmente affascinante e contribuire a rendere più ricercata una determinata associazione dal valore ornamentale.

Strutture tono su tono

L'impiego di diverse sfumature e gradazioni di uno stesso colore, è definito **accostamento monocromatico**. L'effetto è molto armonico, ma è rischioso, in quanto se non si tengono presenti le linee di movimento strutturale orizzontali, rischia di diventare eccessivamente piatto e monotono. Soprattutto quando si utilizza il bianco è importante inserire un'adeguata quantità di sfumature diverse.

Da lontano un'aiuola con molte piante della stessa altezza, tutte cariche di grandi fiori candidi, crea l'effetto di una grande macchia bianca, ma da vicino l'occhio non riesce a percepire alcuna dinamicità nella struttura.

Un accostamento di forme, sfumature di bianco e linee di struttura, sottolineato da una cornice di foglie verdi, può invece dare vita a una composizione interessante, che offre sempre qualcosa di nuovo all'osservatore.

Solisti e comparse

Nel pieno della fioritura le **ortensie comuni** (*Hydrangea macrophylla*), ancor meglio se di colore rosa fucsia, costituiscono un richiamo visivo molto forte.

È impossibile che passino inosservate e otticamente si pongono in primo piano. Questo effetto naturalmente non è da ricondurre unicamente al colore dei fiori, ma anche alla forma sferica delle infiorescenze; al culmine della fioritura le foglie restano praticamente nascoste.

Con la stessa forma e dimensione dei corimbi, ma con un colore rosa chiaro, l'ortensia comune continua ad attirare l'attenzione

grazie alla pienezza traboccante dei fiori, ma visivamente si ritaglia un ruolo di secondo piano per via del colore più delicato.
Particolare è l'attrattiva delle ortensie azzurre e violette, che richiamano l'attenzione soprattutto se accostate a ortensie bianche o rosa pallido, conferendo una deliziosa nota romantica all'insieme.
Le altre forme delle infiorescenze, in particolare quella piatta a 'cuffie di pizzo' (che fanno parte del gruppo *Lace Caps* degli ibridi di *Macrophylla*), non raggiungono lo stesso effetto delle cultivar dai corimbi globosi, nemmeno quando vestono tonalità più decise di rosa e di azzurro.
Anche con le tonalità di bianco si possono ottenere effetti più intensi o più delicati. Il bianco brillante di un'**ortensia palla di neve** in piena fioritura (*Hydrangea arborescens* 'Annabelle') domina l'insieme, mentre le delicate infiorescenze coniche dell'**ortensia rampicante** (*Hydrangea petiolaris*) si mantengono molto più discrete.
Tutti gli attori, siano essi protagonisti o comparse, rivestono un ruolo importante e funzionale nel 'progetto giardino'; i solisti recitano la loro parte senza aver bisogno di uno sfondo, ma un giardino composto solo da solisti della stessa portata non ispira altro che monotonia. Sono gli accostamenti che determinano il successo di una struttura, con soggetti di particolare rilievo in primo piano, purché disposti a cedere lo scettro ai loro successori nel corso della stagione, mentre le comparse li completano creando lo sfondo adeguato.

*L'ortensia palla di neve (*Hydrangea arborescens*) vive bene anche nelle zone in ombra; nella foto, la cultivar 'Annabelle', molto affidabile.*

Due cespugli di ortensie disposti simmetricamente a destra e a sinistra dell'entrata di casa accolgono il visitatore in modo molto elegante.

Un giardino campestre molto romantico, con ortensie, rose, erbacee perenni e vari arbusti.

Giardini campestri e dei cottage

Le ortensie comuni vengono coltivate da lungo tempo nei giardini campestri. Spesso, disposte in gruppo lungo la recinzione insieme ad altre specie di arbusti gradevoli e utili, costituiscono la cornice esterna della parte di giardino 'produttiva', e cioè dell'orticello familiare.

In passato, al centro del giardino di campagna, era solitamente collocata una fontana, che rivestiva anche una funzione pratica per innaffiare l'orto. Le ortensie venivano innaffiate ogni giorno insieme alle verdure, e ripagavano il giardiniere con la loro ricca fioritura e la loro crescita rigogliosa.

Anche nei giardini campestri moderni, le ortensie comuni, così come le varietà palla di neve (*Hydrangea arborescens*), che peraltro hanno il vantaggio di tollerare meglio le esposizioni in pieno sole, costituiscono un vero arricchimento. Soprattutto nei giardini dalla struttura formale con basse siepi di bosso, i cespugli fioriti di ortensia creano un contrasto suggestivo con le cornici geometriche.

Con le loro romantiche infiorescenze sferiche, le ortensie figurano molto bene anche nei giardini dei cottage, oggi particolarmente in voga. A differenza di quelli campestri, dalla struttura più formale, questi giardini si ispirano a un'interpretazione più libera e a prima vista appaiono un po' disordinati.

L'abbondanza è la caratteristica strutturale principale: le piante crescono rigogliose spingendosi tra le recinzioni e ricoprendo qualunque sostegno sia stato loro offerto.

Poiché i giardini dei cottage solitamente sono dedicati a una ben precisa gamma di colori, l'insieme risulta comunque molto armonico e colmo d'atmosfera. Tra i colori più utilizzati vi sono tutte le possibili sfumature del rosa, spesso combinate con il bianco e con il viola. In questo libero accostamento di piante, le infiorescenze sferiche color pastello delle ortensie comuni si inseriscono alla perfezione, come anche quelle delle ortensie a pannocchia (*Hydrangea paniculata*) che risaltano negli accostamenti con damigella (*Nigella damascena*), cosmea (*Cosmos bipinnatus*) e fiordaliso (*Centaurea cyanus*) o con differenti specie di arbusti dai colori romantici.

LE PIANTE DA GIARDINO CAMPESTRE E DEI COTTAGE DA ASSOCIARE ALLE ORTENSIE IN LUOGHI SOLEGGIATI

Nome	Gruppo di piante	Fioritura (mese)	Colore dei fiori	Altezza (in cm)	Note
Clematide (*Clematis integrifolia*)	perenne	6-8	verde, rosa	50-70	rampicante su sostegni in legno
Damigella (*Nigella damascena*)	annuale	6-8	blu brillante, bianco	30-50	profumata, soprattutto la sera
Digitale (*Digitalis purpurea*)	biennale	5-7	rosa, bianco	80-120	si autodissemina, molto velenosa
Emerocallide (ibridi di *Hemerocallis*)	perenne	6-9	rosa, viola, albicocca, bianco, giallo, rosso, diversi colori	50-100	capacità di adattamento, prediligere le tinte pastello
Erba stella (*Alchemilla mollis*)	perenne	6-7	viola-giallo	30-40	tappezzante
Flox (*Phlox paniculata*)	perenne	6-9	rosa, rosa intenso, viola, bianco	70-130	profumo delicato
Geranio (*Geranium* x *magnificum*)	perenne	6-7	viola scuro	40-60	robusta, colore dei fiori molto particolare
Lupino ornamentale (*Lupinus polyphyllus*)	perenne	5-6/9	blu, bianco, rosa intenso, giallo	70-100	se potato dopo la fioritura, rifiorisce a inizio autunno
Moluccella (*Moluccella laevis*)	annuale	7-9	verde chiaro	60-100	pianta insolita dai fiori molto particolari
Monarda (ibridi di *Monarda*)	perenne	7-9	rosa, rosa intenso, viola, bianco	70-100	predilige terreni freschi
Papavero del Galles (*Meconopsis cambrica*)	annuale	6-10	tutte le tonalità di giallo e arancione	30-45	per luoghi ombrosi; si autodissemina
Tabacco ornamentale (*Nicotiana sylvestris*)	annuale	7-9	bianco, bianco-verdastro, giallo	120-150	si semina a dimora
Tradescanzia (ibridi di *Tradescantia-andersoniana*)	perenne	6-9	viola, rosa carminio, bianco	40-50	per terreni freschi
Verbena (*Verbena bonariensis*)	annuale	7-10	viola	80-120	pianta 'a velo' dall'effetto filigranato; si autodissemina

Gertrude Jekyll

Gertrude Jekyll considerava le piante come elementi viventi in un quadro di colori. Amante delle composizioni di aiuole fiorite, era solita inserire nei suoi progetti arbusti, piante erbacee e cespugli fioriti su uno sfondo scuro costituito dal fogliame oppure da una siepe di tasso, in modo che le sfumature di colore risaltassero a dovere. Queste combinazioni sono entrate a far parte della storia dell'architettura dei giardini come *mixed border* ('bordura mista'). Insieme a Edwin Luytens, rinomato architetto dei giardini, Gertrude Jekyll progettò moltissimi splendidi parchi corredati da incantevoli bordure. Alcune sono state mantenute fino a oggi altre sono state ricostruite partendo dai progetti originali. In particolare le raffinate combinazioni di colore restano tutt'ora insuperate. La sua specialità erano le bordure monocromatiche, in cui veniva sviluppata una gamma di tonalità di un unico colore.

Una bordura mista per luoghi in ombra o in penombra caratterizzata da ortensie e hosta.

Le ortensie nelle bordure miste

Ancora oggi è considerata un'arte riuscire a strutturare le aiuole in maniera che risultino attraenti in ogni periodo dell'anno e allo stesso tempo riescano a comunicare un'impressione di completezza e armonia. Molte delle tecniche di accostamento che vengono utilizzate nei giardini moderni si debbono a una grande artista del 'verde', la britannica **Gertrude Jekyll** (1843-1932; *si veda* box a fianco).

Classiche bordure in stile inglese

Le piante da inserire nelle bordure miste secondo i principi delineati da Gertrude Jekyll venivano scelte in base a un criterio visivo. Per questo motivo risultavano tutt'altro che facili da curare, e anzi i giardinieri dovevano costantemente intervenire con misure correttive: gli arbusti dalla crescita troppo rigogliosa dovevano essere estratti dal terreno, divisi e trapiantati nuovamente a intervalli regolari, ma i 'vuoti' che si venivano a creare tra gli arbusti o tra le piante annuali andavano colmati. Inoltre l'effetto ottico che si voleva ottenere con quella data bordura si esauriva solitamente in capo a poche settimane.

Al tempo di Gertrude in estensioni più vaste vi era naturalmente spazio a sufficienza per molte bordure simili: in questo modo un'aiuola rischiarava il resto del giardino con tutto il suo splendore. Quando anche in Inghilterra la nobiltà di campagna andò incontro a un lento declino, la maggior parte di queste bordure fu abbandonata per lasciare il posto a prati o gruppi di arbusti. Fortunatamente in tempi recenti il National Trust (ente britannico che si occupa della gestione di edifici e giardini storici e aree di interesse naturalistico) ha acquisito alcune delle opere dell'artista per garantirne la ricostruzione e il mantenimento nelle condizioni originarie.

In autunno le ortensie arricchiscono il giardino con i colori suggestivi di fiori e foglie. In particolare, le ortensie quercifolia *affascinano con le loro tonalità di rosso e bordeaux.*

Bordure miste moderne

Oggi come in passato, la struttura perfetta di una bordura continua a rappresentare l'arte più elevata nell'ambito del giardinaggio. Naturalmente le aiuole non possono più avere le dimensioni che avevano un tempo, per lo meno non nei giardini privati. Inoltre è necessario tener conto dell'entità delle cure necessarie per il mantenimento e del tempo che esse richiedono. L'esigenza moderna tende a realizzare bordure composte da elementi che mantengano la loro attrattiva per l'intero arco dell'anno.

Attraverso una combinazione mirata di piante perenni, sempreverdi, fiori da bulbo e alcune perenni da fiore, l'aiuola disporrà di un assortimento di piante tale da offrire una successione di fioriture in tutte le stagioni. Nella scelta delle piante bisogna fare attenzione che le esigenze delle diverse specie, per quanto riguarda il terreno e la luminosità, siano analoghe in modo da limitare, tra le altre cose, il dispendio di energie per la loro cura una volta che si saranno sviluppate.

Le ortensie sono adatte per più di un motivo a queste bordure e durante il periodo di fioritura incantano con tutta la bellezza dei loro colori.

Al centro di una bordura, le ortensie rappresentano il partner ideale per arbusti di media altezza che fioriscano nello stesso periodo. Una volta terminata la fioritura, e fino all'inverno, le infiorescenze continuano a mantenere il loro valore ornamentale. Questo accade soprattutto durante la stagione invernale e autunnale, quando sono spoglie

Un esempio ben riuscito di combinazione tono su tono: cotino rosso scuro e cespugli di ortensie.

e i fiori ormai secchi spiccano in modo particolare, creando un contrappunto ai sempreverdi, quali, per esempio, le piramidi di bosso che spesso vengono inserite nelle bordure come struttura portante.

Quando si realizza un'aiuola con piante disposte a scalare, durante la messa a dimora bisogna aver cura di riservare loro lo spazio sufficiente per la crescita, in modo che possano svilupparsi correttamente e senza sovrapposizioni.

Le ortensie con altri arbusti da fiore

Uno dei punti di forza delle ortensie è il fatto che fioriscono più tardi rispetto alla maggior parte degli arbusti da fiore. I ciliegi ornamentali e i lillà sono da tempo sfioriti quando le ortensie raggiungono l'apice della loro fioritura alla fine di giugno.

Partner per ortensie comuni e ortensie palla di neve

Per questo motivo le ortensie comuni e quelle palla di neve, più basse, sono adatte a essere piantate insieme ad arbusti più alti, ma con fioritura precoce, che in seguito, durante l'estate, forniranno uno sfondo armonioso ai traboccanti corimbi globosi. Questi gruppi di arbusti mutano il loro aspetto dalla primavera alla fine dell'estate: dapprima dominano i colori chiari come bianco e giallo, per esempio quando fioriscono la spirea (*Spiraea*), la kerria del Giappone (*Kerria japonica*), la forsizia (*Forsithya*), seguiti dai colori delicati del lillà (*Syringa*), che lasciano il campo in estate ai colori pastello delle ortensie.

Partner per ortensie a pannocchia

Grazie al loro portamento e alla loro maggiore tolleranza per i luoghi soleggiati, le ortensie a pannocchia si adattano particolarmente bene all'impiego nelle bordure miste. I loro fiori bianchi o color crema si armonizzano con tutti i fiori degli altri cespugli o arbusti.

Oltre che in associazione con le classiche siepi scure di tasso (*Taxus*) o di lauroceraso (*Prunus laurocerasus*), sono partner d'elezione anche per arbusti dal fogliame rosso, come cotino (*Cotinus coggygria* 'Royal Purple') o nocciolo (*Corylus avellana* nelle cultivar con foglie rosse).

In una 'aiuola bianca' la cletra (*Clethra alnifolia*) rappresenta il partner ideale. Le piante a portamento strisciante o tappezzante come l'erba di San Giovanni (*Hypericum*) e la potentilla (*Potentilla fruticosa*) creano la cornice ideale per ortensie a pannocchia coltivate come soggetti solitari.

Partner per ortensie villose

Le ortensie villose (e vellutate) necessitano di partner completamente diversi. Possono essere accostate con risultati eccellenti a molti arbusti sempreverdi, come, per esempio, il lauroceraso

Regole per una bordura mista

Per ottenere una bordura mista di bell'aspetto, nella progettazione bisogna tenere conto di molti elementi. Le regole base che seguono possono essere d'aiuto. Nelle bordure, le piante devono esse interrate a scalare, in base alla loro altezza. Questo significa che le specie e le cultivar più basse vanno poste in primo piano, davanti a piante di media altezza, mentre gli esemplari a maggiore sviluppo vanno posti sullo sfondo. L'effetto di tale scalarità risulta particolarmente efficace se la bordura è collocata davanti a una parete o a una siepe che pongano in maggiore risalto il colore dei fiori. Così le tinte pastello spiccheranno in modo particolare davanti a una siepe di tasso scura o a una parete in mattoni rossi, mentre i colori scuri risalteranno con maggior vigore se contrapposti a una parete gialla o a un muro grigio. Per le aiuole poste al centro di un prato o alle quali si accede da due lati valgono le stesse regole, solo che in questo caso gli arbusti e i cespugli più alti vanno messi a dimora al centro, riservando i margini per le specie più basse. Oltre all'aspetto puramente estetico, la scalarità delle altezze all'interno dell'aiuola presenta un ulteriore vantaggio: tutte le piante ricevono luce a sufficienza e gli esemplari più bassi non vengono messi in ombra da quelli più alti. L'unica eccezione a questa regola è rappresentata dalle specie da bulbo, caratterizzate da una fioritura primaverile precoce, che devono essere piantate al centro dell'aiuola: durante la fioritura degli arbusti le bulbose sono ormai spoglie e in seguito, quando le loro foglie si seccheranno, verranno celate dal ricco fogliame delle altre piante.

Le ortensie a pannocchia rappresentano il partner ideale per una bordura soleggiata.

Le ortensie villose si accostano bene a piante copriterreno coltivate alla loro base.

Una terrazza ornata da ortensie di media altezza diventa un luogo intimo, protetto dal mondo esterno.

(*Prunus laurocerasus*), la maonia (*Mahonia aquifolia*), il rododendro (*Rhododendron*), il viburno (*Viburnum rhytidophyllum*) e, naturalmente, tutte le varietà di bambù (*Fargesia murieliae*).
A seconda dello spazio disponibile si può giocare sulle gradazioni di altezza. Le cultivar moderne di rododendro sono solitamente più basse e possono essere collocate in primo piano, come anche le azalee del gruppo *mollis*, a foglie caduche, magari con fiori arancio e giallo (le azalee saranno sfiorite da molto tempo quando sbocceranno i fiori delle ortensie).

Siepi di ortensie

Una siepe di ortensie fiorite di colore rosa o azzurro intenso è semplicemente qualcosa di spettacolare. Nelle zone con inverni miti si possono ammirare a volte siepi di ortensie comuni vecchie di decenni, che in estate fioriscono in tutto il loro splendore. Tuttavia anche nelle regioni dell'Italia settentrionale, con le dovute cure, si possono mantenere in buona salute siepi di questo tipo; naturalmente in occasione di inverni molto rigidi occorrerà proteggere adeguatamente le piante. In luoghi riparati dal vento e dal pieno sole, una siepe di *Hydrangea macrophylla* può comunque svilupparsi a dovere e fiorire per lungo tempo. *H. serrata* rappresenta una possibile alternativa, soprattutto la sottospecie originaria della Corea *H. serrata* sottsop. *koreana*, e la sottospecie, selezionata di recente, *H. serrata* sottosp. *yezoensis* 'Veerle'. Quest'ultima raggiunge un'altezza di 1,25 m, superando la prima che non oltrepassa gli 80 cm. Entrambe le sottospecie sono caratterizzate da un'eccellente resistenza al gelo. Inoltre si sviluppano in cespugli fittamente ramificati che le rendono particolarmente adatte all'impiego come siepe.

Ortensie come soggetti solitari

Coltivati come soggetti solitari, quasi tutti gli arbusti si sviluppano in modo regolare ed esuberante. Anche le ortensie, se dispongono di uno spazio sufficiente in tutte le direzioni, si ramificano in libertà diventando rigogliosi cespugli molto ornamentali. A questo scopo le ortensie possono essere collocate su un tappeto erboso, magari vicino alla terrazza o lungo il sentiero d'ingresso. In alternativa possono essere circondate al piede da piante tappezzanti che aggiungono all'insieme le loro forme e i loro colori. Particolarmente adatti come soggetti solitari sono gli ibridi di paniculata, coltivati ad alberello, che tuttavia possono anche essere inseriti in un'aiuola di perenni da fiore.

Ortensie, ortensie e ancora ortensie, eppure non manca la varietà: se si dispone di spazio a sufficienza si può piantare una vera e propria collezione di cultivar diverse.

Ortensie in gruppo

Molte ortensie possono essere piantate in file, in modo da formare siepi relativamente rigide, ma si possono utilizzare anche per realizzare gruppi più 'leggeri'. Una composizione di diverse ortensie comuni con fiori di tonalità armoniche, soprattutto nelle sfumature di rosa, creano un bellissimo effetto anche da lontano.
Se si pensa di incontrare difficoltà nella scelta delle varietà, vista la vastissima offerta, conviene decidere di realizzare un gruppo con una vera e propria collezione di cultivar diverse. Utilizzando colori pastello sarà difficile commettere errori.

Le ortensie per le superfici estese

Le cultivar di *Hydrangea serrata* sottsop. *koreana* come la *yezoensis* 'Veerle', di cui abbiamo appena parlato, possono anche essere impiegate per ricoprire vaste superfici di terreno. A questo proposito si sente spesso il termine 'tappezzante', che a volte può creare confusione, e che è stato per lungo tempo impiegato anche per indicare una varietà di rose. Di fatto le 'ortensie tappezzanti' possono abbellire superfici di molti metri quadrati, rappresentando così una bella alternativa alle piante tradizio-

Non ancora molto diffuse, ma di sicuro effetto: le ortensie tappezzanti.

*Questo vecchio muro è stato letteralmente ricoperto dalle ortensie rampicanti (*Hydrangea petiolaris*).*

nalmente utilizzate come copriterreno nei luoghi in penombra, quali, per esempio, l'erba di San Giovanni (*Hypericum*) o l'evonimo (*Euonymus fortunei*).
L'aspetto più interessante di queste ortensie è la colorazione autunnale con sfumature di rosso molto affascinanti.

Combinare ortensie a piante tappezzanti

Il termine 'piante tappezzanti' comprende molte specie di piante che hanno portamento strisciante o comunque raso terra, ma anche piante la cui produzione di stoloni fa sì che ricoprano in breve tempo ampie superfici. Generalmente vengono impiegate tra gli arbusti, poiché coprono il terreno limitando gli interventi di pulizia. Le specie più alte di ortensie come *Hydrangea sargentiana* e *H. aspera* si accompagnano bene alle piante tappezzanti, visti il loro portamento irregolare e la mancanza di fogliame nella parte inferiore.

Piante tappezzanti per luoghi in ombra e in penombra

Le piante tappezzanti più importanti per i luoghi in ombra e in penombra sono la pervinca (*Vinca minor*), l'evonimo (*Euonymus fortunei*) e la pachisandra (*Pachysandra terminalis*). Tra le piante perenni vi sono poi il nontiscordardimé (*Myosotis palustris*), il lamiastro (*Lamiastrum galeobdolon*) e la waldsteinia, in particolare la *Waldsteinia ternata* che produce stoloni. Tra le piante tappezzanti viene poi annoverato anche un certo numero di piante da bulbo, che garantiscono grappoli colorati soprattutto in primavera, come i mughetti e i muscari. Anche l'*Hydrangea serrata* sottosp. *koreana* può essere impiegata come tappeto insieme a ortensie dalla crescita alta.

Ortensie rampicanti in giardino

L'ortensia rampicante ha qualcosa in più rispetto a una qualsiasi pianta rampicante. I suoi fiori grandi, che si notano anche da lontano, le conferiscono un fascino un po' nostalgico ma decisamente unico.
Le ortensie sono conosciute soprattutto come piante da giardino campestre dalla fioritura rigogliosa e di un'altezza compresa tra 1 e 2 m, ma l'ortensia rampicante (*Hydrangea petiolaris*) e la schizophragma (*Schizophragma hydrangeoides*), sua parente più prossima, si distinguono dalle altre ortensie per il loro portamento e il notevole sviluppo in altez-

Gli alberi vecchi o morti sono il sostegno ideale per le ortensie rampicanti; all'inizio però i loro rami vanno indirizzati sul sostegno.

za. Come l'edera, crescono infatti lungo alberi e pareti grazie alle loro radici avventizie e in condizioni ideali possono raggiungere anche altezze di circa 10 m.

Verde pittoresco per il pergolato, il capanno & Co.
L'ortensia rampicante non cresce solo lungo i muri della casa: pergolati, recinzioni, capanni e tronchi morti possono essere abbelliti in modo altrettanto suggestivo da *Hydrangea petiolaris*. Questa ortensia necessita di poco spazio e può essere piantata anche nei giardini più piccoli. Entrambe le ortensie rampicanti (*H. petiolaris* e *Schizophragma hydrangeoides*) sono originarie dei boschi di montagna del Giappone e pertanto sono adatte a luoghi in ombra o in penombra. *H. petiolaris* in particolare può essere addirittura impiegata sui balconi o le terrazze, poiché vive bene anche in un grosso vaso.

Le ortensie in vaso

Le ortensie sono ormai da molto tempo apprezzate anche come piante per balconi e terrazze. Proprio le ortensie comuni (*Hydrangea macrophylla*) sono molto amate come piante da vaso, oggetto di regali graditi, soprattutto in primavera.

Dopo che hanno trascorso un periodo al riparo dal gelo della stagione invernale, le ortensie possono essere anche portate in casa. In questo modo si stimola la produzione di fiori già fin da maggio.

Per la coltivazione delle ortensie in vaso, è bene scegliere recipienti di dimensioni generose.

Una splendida armonia di colore tra ortensie e vasi di materiali differenti.

Spesso si tratta di esemplari coltivati in serra, che vengono dapprima utilizzati per un periodo come piante d'appartamento e successivamente vengono portati sul terrazzo dove continuano a fiorire per settimane. Il problema di queste cultivar di ortensia vendute come piante da vaso è che non non sempre si riesce a sapere se sono resistenti al gelo: essendo state coltivate nell'ottica della ricchezza della fioritura, della schiusa dei fiori uniforme, della semplicità di coltivazione e/o della buona capacità di reazione dei fiori alla colorazione blu, spesso non portano il cartellino che indica la cultivar, così l'acquirente o chi riceve il regalo non sa se si tratta o meno di una cultivar resistente al gelo. Ciononostante queste piante sono di solito tanto belle che vale la pena coltivarle. In caso di incertezza conviene trapiantare questi esemplari in grossi vasi e farli svernare in un luogo riparato (*si veda* 'La cura delle ortensie in vaso' pag. 87).

I recipienti adatti

Per ottenere un bell'effetto complessivo su un balcone o su un terrazzo, i vasi e le cassette ricoprono un ruolo fondamentale. Tuttavia non devono essere soltanto belli, ma anche appropriati, quindi devono durare a lungo e, se vengono impiegati per piante che svernano all'esterno, essere assolutamente resistenti al gelo. In commercio si trovano comunque bei recipienti di diversi materiali.

I recipienti migliori sono quelli di plastica. Oltre a quelli classici bianchi, marroni e verdi, si trovano sul mercato anche modelli in altri colori che possono essere scelti a seconda del tipo di pianta che si intende trapiantare. Al momento dell'acquisto è importante fare attenzione alla qualità. I colori devono essere resistenti alla luce così da non sbiadire dopo qualche anno. I prodotti di marca hanno solitamente una garanzia di diversi anni. Particolarmente belli sono i recipienti di plastica che imitano quasi alla perfezione quelli di terracotta. Hanno il vantaggio di essere relativamente leggeri. Oltre ai recipienti più semplici si trovano anche modelli diversi con annesso bacino per la riserva d'acqua.

Interessanti sono anche i vasi di cemento leggero, di solito molto economici, che a seconda dei materiali utilizzati assomigliano al granito, al marmo o alla pietra naturale

I vasi di terracotta e argilla sono i recipienti più classici e sicuramente i più eleganti: quelli di buona qualità, resistenti al gelo, sono un investimento per la vita. Le gradevoli tonalità di rosso degli articoli di terracotta si armonizzano splendidamente con le ortensie. Tuttavia si deve tener conto che, a differenza della plastica, questo materiale traspira e pertanto lascia evaporare sempre una parte dell'acqua: quando si utilizzano tali recipienti, bisogna avere l'accortezza di innaffiare abbondantemente la pianta. Anche i contenitori smaltati sono solitamente di terracotta: molto apprezzate sono le tonalità di blu brillante, che risalta bene con il rosa dei fiori. Anche le tonalità di marrone e di verde possiedono però un fascino particolare: hanno un aspetto rustico e si armonizzano bene soprattutto con le superfici di pietra naturale o di clinker. Chi desideri qualcosa di particolarmente pregiato, può scegliere tra un vasto assortimento di recipienti di zinco, acciaio nobilitato e rame, che con il

I recipienti di vimini sembrano fatti apposta per armonizzarsi con la pavimentazione rustica di questo vialetto d'accesso e con la facciata in mattoni della casa.

tempo si coprono di una bella patina e sono praticamente indistruttibili. Bellissimi ma delicati sono infine i recipienti di legno sul modello dei classici vasi di legno dei parchi più famosi, in cui si inserisce un semplice recipiente in plastica.

Le ortensie nell'arte floreale

I fiori delle ortensie, o meglio le false infiorescenze, mantengono a lungo la loro bellezza anche quando cominciano a perdere la vivacità del colore. Anzi proprio in questo stadio la loro bellezza ha un effetto particolare, romantico e un po' decadente. Questo fragile incanto può essere conservato a lungo, soprattutto facendo essiccare i fiori. A tal fine si possono utilizzare molti metodi diversi, tutti estremamente efficaci e che vengono descritti di seguito. Per i primi tre metodi è necessario recidere i fiori quando hanno ancora la loro colorazione intensa. Si ricordi inoltre di non recidere gli steli degli ibridi di *Macrophylla* troppo lunghi per non rischiare di tagliar via anche i boccioli dell'anno successivo. Questo rischio non sussiste con le ortensie a pannocchia, che fioriscono sul legno di un anno.

*Le infiorescenze essiccate, soprattutto delle ortensie comuni (*Hydrangea macrophylla*), possono essere utilizzate per creare mazzi e composizioni. Foglie verdi e frutti completano questo insieme autunnale.*

Come essiccare i fiori

- Attraverso la **disidratazione**: ponete le ortensie recise in un vaso con poca acqua e non aggiungetene più. Poco a poco l'acqua verrà consumata e le ortensie inizieranno a seccare. I fiori appariranno leggermente raggrinziti e simili alla pergamena. Con questo tipo di essiccazione perdono purtroppo gran parte del loro colore.
- Con la **glicerina**: un secondo metodo è quello della conservazione in acqua e glicerina. Preparate una soluzione di acqua e glicerina nel rapporto di 2 a 1 (queste soluzioni sono disponibili anche in farmacia o nei supermercati) e immergetevi le ortensie. Le ortensie assorbiranno sia l'acqua sia la glicerina, che verrà trasportata fino ai fiori e immagazzinata nelle cellule. L'acqua in seguito finirà per evaporare in pochi giorni, mentre la glicerina rimarrà nei fiori conservandoli. I fiori così essiccati appaiono

morbidi e lisci, e il colore si mantiene molto bene, addirittura per due o tre anni!

- Con il **gel di silice**: per questo metodo molto efficace occorre acquistare un prodotto specifico per l'essiccazione, il gel di silice, disponibile in polvere, e di un recipiente dalla chiusura ermetica abbastanza grande da contenere i fiori. Si ricopre il fondo del recipiente di gel di silice, quindi si pongono le infiorescenze di ortensia a testa in giù nel recipiente e si coprono a loro volta di gel di silice, chiudendo poi il recipiente. Dopo quattro giorni, è possibile svuotare il recipiente: i fiori sono pronti. Il gel si può recuperare e riutilizzare. Una variante più economica – e un trucchetto degli esperti – consiste nell'utilizzare sabbia per gatti al posto del gel di silice, che è piuttosto caro. Bisogna però fare attenzione che la sabbia sia molto fine e non granulosa.

Fiori, frutti, foglie: il 'raccolto' disposto in questa cesta abbellirà la casa per qualche mese.

Essiccare i fiori all'aria aperta

Per utilizzare questo metodo i fiori devono già aver cominciato a seccare sulla pianta. Non appena assumono un aspetto cartaceo vanno recisi e le foglie rimosse, lasciando solo lo stelo e l'infiorescenza. Si appendono quindi a essiccare a testa in giù, in un luogo in ombra e areato.

Idee per composizioni di fiori secchi

I fiori essiccati possono essere impiegati in svariati modi.

- Nei classici mazzi di fiori secchi: è importante però che vengano disposti in mazzi rigogliosi senza costrizioni e che non siano mescolati ad altri fiori.
- Nelle composizioni e nelle corone: le ortensie possono essere accostate con buoni risultati estetici a frutti e spighe di tutti i tipi oltre che a rami di sempreverdi o foglie secche.
- Nelle composizioni estive e autunnali: si possono accostare le ortensie alle graminacee e ai cereali.
- Nelle composizioni natalizie: si possono combinare le ortensie con piccole pigne dorate o con rami di pungitopo.

Piantare e curare le ortensie

Compiendo una scelta oculata di specie e cultivar da inserire nel proprio giardino e prodigando loro le cure adeguate, le ortensie vivono a lungo trasformandosi rapidamente in meravigliosi arbusti fioriti. Chi non vuole rinunciare alle specie più sensibili, ha sempre la possibilità di coltivare in vaso i suoi esemplari favoriti.

Acquisto e scelta

Nei vivai e nei garden center ben forniti è possibile trovare una vasta gamma di specie e cultivar di ortensie di diverse dimensioni. Gli esemplari più grandi, naturalmente, sono in genere più costosi poiché sono stati coltivati e curati più a lungo. Bisogna quindi decidere se spendere più soldi e acquistare piante più grandi o scegliere soggetti più piccoli per poi farli crescere fino alle dimensioni desiderate.

Qualità e forme

Le piante in generale vengono vendute con le radici scoperte, con il pane di terra, oppure in contenitore.

◀ *Tripudio di colori in autunno: in questa stagione le infiorescenze possono essere rimosse, anche se non sempre è necessario.*

I più pregiati sono gli esemplari con **le radici scoperte**, che vengono dissotterrati (in giornate con temperature sopra lo zero) e venduti direttamente nel periodo che va da ottobre ad aprile. Non tutti i vivai però adottano questo procedimento, pertanto queste ortensie non sempre sono disponibili.

Quelle con il **pane di terra**, invece, vengono trapiantate regolarmente in modo da mantenere compatta la massa delle radici, e in genere presentano l'apparato radicale avvolto in un telo, per prevenirne l'essiccamento ed eventuali danni. Anche in questo caso il trapianto può avere luogo solo con temperature sopra lo zero, nei mesi da ottobre ad aprile.

Le piante **in contenitore** vengono coltivate fin dall'inizio in recipienti di plastica. Possono essere trapiantate in qualunque momento, ma sono anche le più costose. Negli ultimi anni i vivai offrono sempre più spesso le loro ortensie come piante da vaso, cosicché la scelta è ormai molto ampia.

Ortensie fiorite in vaso in un garden center, pronte per essere vendute.

Solo in un terreno ricco di humus e uniformemente umido le ortensie possono esprimere tutta la loro bellezza.

La collocazione adatta

Per quanto riguarda il terreno, la luce, il fabbisogno idrico e di sostanze nutritive, le esigenze delle ortensie variano molto da specie a specie. Vi sono tuttavia alcuni principi generali che valgono per tutte.

Il terreno

Il terreno ideale è fresco, permeabile, ricco di humus e di sostanze nutritive, nutriente e leggermente acido o neutro. Le ortensie crescono bene anche in un comune terreno da giardino l'essenziale è che sia loro garantita acqua in abbondanza, soprattutto nei mesi estivi, perché queste piante tendono a deperire con rapidità: di fatto nei loro Paesi d'origine molte specie crescono in prossimità di corsi d'acqua. Per questo motivo è importante che il terreno sia profondo e mai compresso, in modo da non ostacolare l'approvvigionamento idrico da parte delle radici.
Il terreno ideale deve dunque essere **fresco** e **umido**, ma **ben drenato**, privo di ristagni d'acqua che farebbero marcire le radici limitando l'assorbimento di ossigeno.

Il valore di pH

Affinché le ortensie, in particolare le comuni (*Hydrangea macrophylla*), possano crescere al meglio il terreno deve avere un pH leggermente acido. Se il terreno è alcalino, le ortensie assumono una colorazione pallida e le foglie diventano di una tinta giallo chiaro. Questo sintomo tipico viene definito **clorosi**, e in tal caso è importante fornire alle piante sostanze nutritive, in particolare ferro.

Il test del terreno

Per verificare il tipo di terreno del giardino è possibile compiere un test molto semplice: scavate delle buche profonde almeno quanto la vanga in vari punti del giardino e prendete in mano una manciata di terra; se notate che al tatto è molto appiccicosa, tanto da poterne fare delle palline, significa che il **terreno** è **argilloso** e poco permeabile. Questo tipo di terreno però non è del tutto inadeguato, perché ha la non trascurabile proprietà di trattenere l'umidità a lungo, anche in periodi di siccità, e può essere migliorato mediante l'aggiunta di una buona quantità di compost e di sabbia. Un altro modo per migliorarlo è ricorrere alla semina di piante annuali da sovescio come la *Phacelia* o la senape selvatica, da rivoltare alla fine della fase vegetativa.

I **terreni leggeri** invece si distinguono per l'elevata concentrazione di sabbia: se prendete in mano un campione di terra, ne percepite i singoli granelli di sabbia, ma non riuscite a darle alcuna forma perché si sbriciola immediatamente e scivola tra le dita. Anche questo tipo di terreno, peraltro semplice da lavorare, può essere migliorato con l'aggiunta di materiale organico, compost e humus di corteccia.

La preparazione del terreno

È sempre importante **dissodare** bene il terreno prima di un trapianto, soprattutto se il luogo prescelto è rimasto a prato per molti anni e risulta pertanto compresso, duro ed esausto. In questo caso è necessario ammorbidirlo lavorando in profondità. Il momento migliore per eseguire questo lavoro è l'autunno, poiché il gelo che seguirà nella stagione invernale contribuirà a frammentarne ulteriormente la struttura.

Anche seminare **piante da sovescio** si rivela molto efficace: le radici penetrano nella terra fino agli strati più profondi, smuovendola e dissodandola. Non bisogna trascurare inoltre che alcune specie di leguminose sono in grado di assorbire azoto dall'aria e di immagazzinarlo nelle radici, svolgendo un'azione fertilizzante.

Anche il compost maturo è un'ottima fonte di humus capace di migliorare efficacemente la composizione del terreno. Altre buone fonti di humus che possono essere aggiunte al terreno sono:

- materiale vegetale triturato;
- pacciamatura di corteccia;
- compost di corteccia;
- erba (sfalcio di prato);
- foglie in autunno.

La pacciamatura

Anche la pacciamatura di corteccia o di materiale vegetale triturato è un metodo efficace che consente di migliorare il terreno. I vantaggi apportati da questa pratica sono molteplici.

- Il terreno rimane coperto e quindi si mantiene più umido, perciò è possibile innaffiare di meno.
- Marcendo lentamente, il materiale vegetale costituisce una durevole fonte di sostanze nutritive per le radici; inoltre i batteri e i piccoli animali che intervengono nel processo di decomposizione smuovono continuamente il terreno.

Per determinare il valore di pH di un terreno è possibile eseguire un rapido test, facilmente reperibile in commercio.

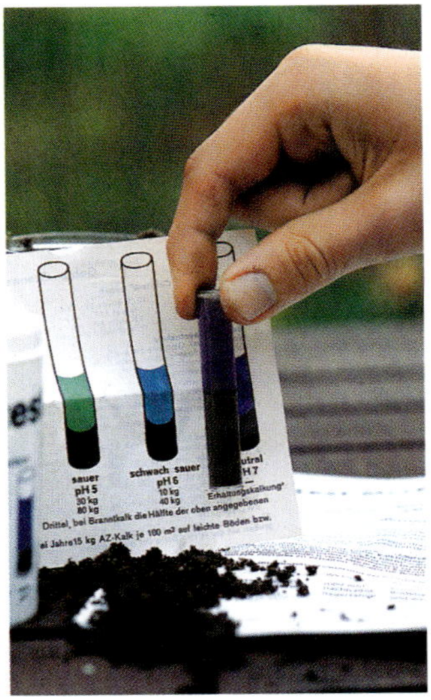

Come determinare il pH del terreno

Per determinare il valore del pH del terreno potete eseguire un test veloce e di facile esecuzione, acquistando le apposite cartine al tornasole, disponibili sul mercato. Un valore di pH inferiore a 6 indica un terreno acido, superiore a 7 indica invece un terreno alcalino. Il valore del pH di un terreno alcalino e argilloso può essere abbassato con l'impiego di humus di corteccia, in particolare di conifere.

Uno strato di pacciamatura soffoca le erbacce ed evita che il terreno asciughi eccessivamente.

- Uno strato di pacciamatura ostacola efficacemente la germogliazione delle erbacce, risparmiando molto lavoro al giardiniere.

Le piante tappezzanti come l'edera (*Hedera helix* nelle cultivar striscianti dalle foglie piccole), la pachisandra (*Pachysandra terminalis*) e la pervinca (*Vinca minor*) soffocano le erbacce senza consumare troppe sostanze nutritive.

Migliorare un terreno eccessivamente calcareo

Per crescere rigogliose le ortensie necessitano di un terreno leggermente acido o neutro. Tollerano anche substrati alcalini, ma bisogna comunque cercare di abbassare il valore di pH se è elevato (oltre 7,5). Su terreni eccessivamente calcarei le piante potrebbero essere attaccate da clorosi, che si manifesta in maniera inconfondibile con l'ingiallimento delle foglie. In questi casi la cosa migliore è risolvere il problema alla radice, sostituendo il terreno nella zona in cui si trovano le ortensie. A questo scopo scavate una buca di dimensioni almeno 4 volte maggiori rispetto al pane di radici e riempitela con una miscela di humus di foglie e compost maturo misto a torba. Se non avete a disposizione humus di foglie, potete anche acquistare del terriccio speciale per piante acidofile (facilmente reperibile in commercio).

Come fertilizzante iniziale si può optare per un concime minerale a granuli a lento rilascio, che libera gli elementi nutritivi in modo graduale per oltre 4-5 mesi. Sono adatti anche i concimi a lento rilascio specifici per conifere: è sufficiente mescolarne due manciate al substrato della pianta durante la messa a dimora. Effettuando l'impianto in primavera non sarà necessaria una seconda concimazione nell'arco dell'anno; se invece effettuate la messa a dimora in autunno, dovrete somministrare una nuova dose di fertilizzante nel mese di marzo, dissodando con cura la superficie in modo da far penetrare il concime nel terreno.

Le ortensie in vaso vanno concimate con un concime a lento rilascio che resta efficace a lungo.

Le condizioni di luminosità

Oltre che nell'aspetto e nel portamento, le diverse specie di ortensie presentano differenze anche per quanto riguarda le esigenze di luminosità.

In linea di massima in un **luogo ombreggiato** da arbusti più alti al riparo dal sole di mezzogiorno, con un terreno fresco e ricco di humus, tutte le specie possono crescere rigogliose.

Le specie più adatte alle diverse esposizioni

- In ombra, sotto ad arbusti più alti, 'situazione boschiva': *Hydrangea arborescens*; *Hydrangea aspera*; *Hydrangea quercifolia*; *Hydrangea sargentiana*; *Hydrangea villosa*.
- In penombra, illuminazione solare di alcune ore, 'situazione da margine di bosco': *Hydrangea arborescens*; *Hydrangea aspera*; *Hydrangea involucrata*; *Hydrangea macrophylla*; *Hydrangea paniculata*; *Hydrangea quercifolia*; *Hydrangea sargentiana*; *Hydrangea serrata*; *Hydrangea villosa*.
- In luoghi soleggiati e molto luminosi, esposizione per lo più diretta ai raggi solari: *Hydrangea arborescens*; *Hydrangea heteromalla*; *Hydrangea macrophylla*; *Hydrangea paniculata*.

Tuttavia anche in luoghi dalle condizioni più difficili, siano esse pieno sole od ombra, è possibile coltivare le ortensie con successo, ma solo alcune specie. Anche perché la disposizione migliore rispetto alla luce è determinata 'geneticamente' dal loro primitivo luogo di origine.

Le cultivar a grandi foglie appartenenti alle ortensie villose e sargentiane, per esempio, crescono molto bene sia in ombra sia in penombra, ma il loro splendido fogliame soffre notevolmente al sole rischiando di riportare anche gravi ustioni.

Sotto l'azione dei raggi solari l'ampia superficie fogliare determina anche una rapida e intensa evaporazione, e quindi dispersione di acqua, che la pianta non riesce a compensare con altrettanta velocità. Alle ortensie dalle infiorescenze globose e a pannocchia, invece, basta l'umidità del terreno per potersi sviluppare anche in pieno sole.

La messa a dimora delle ortensie

Anche se negli ultimi anni si è registrato un notevole incremento della coltivazione degli arbusti, in particolare delle specie selvatiche, in primavera e in autunno nei vivai è ancora disponibile una discreta gamma di ortensie con il nudo **pane di terra**. Si tratta di piante che vengono dissotterrate sul posto e le cui radici sono state avvolte in un apposito telo di tessuto per mantenerle nella terra in cui sono nate.

L'impianto di questi esemplari va realizzato come segue: scavate una buca di dimensioni sufficienti (il diametro e la profondità devono corrispondere all'incirca a una volta e mezza quelli del pane di radici), avendo cura di smuovere il fondo e le pareti; mescolate la terra estratta con del compost maturo e aggiungete una manciata di segatura; innaffiate con un innaffiatoio colmo d'acqua assicurandovi che l'acqua penetri bene nella buca; quindi sistemate la pianta alla stessa profondità che aveva prima di essere dissotterrata (potete regolarne la messa a dimora aggiungendo terra sul fondo della buca). Non è necessario rimuovere il telo intorno alle radici: si dissolverà in breve tempo.

Come regola generale è consigliabile sempre piantare gli arbusti in una giornata nuvolosa e coperta, quando il tasso di evaporazione da parte delle piante è minore: in questo modo sopporteranno meglio lo shock del trapianto. In ogni caso nei primi tempi gli arbusti appena messi a dimora vanno innaffiati abbondantemente finché le radici non hanno fatto presa sul nuovo ambiente.

Riempite poi di terriccio i lati della buca e infine comprimete bene la terra con il piede, in modo che il contatto tra terreno e radici sia uniforme. Scavate intorno alla pianta un solco ad anello profondo 10-15 cm in modo che l'acqua non si disperda durante l'irrigazione. Infine innaffiate abbondantemente la pianta.

Piante in contenitore

Attualmente le ortensie disponibili nei vivai sono per lo più allevate in contenitori e possono essere piantate in ogni momento, dalla primavera all'autunno. I contenitori sono solitamente i vasi di plastica in cui le piante sono nate. Se tuttavia vi restano troppo a lungo, le radici finiscono per svilupparsi lungo i lati interni del recipiente fino a fuoriuscire dai buchi della base.

Un esemplare di buona qualità si riconosce da un ricco pane di radici, che non si apre quando la pianta viene estratta; inoltre non deve avere troppe radici visibili in superficie.

Prima di procede al trapianto, innaffiate abbondantemente l'ortensia. Un metodo pratico e di sicura efficacia è quello di immergere il vaso direttamente in una vasca o in un secchio d'acqua per circa un'ora. Quindi estraetela: talvolta può essere necessario premere un poco o battere il recipiente; con gli esemplari più grandi conviene tagliare direttamente il recipiente. Il trapianto si svolge come descritto per le piante con pane di terra.

Dopo aver piantato l'ortensia in piena terra bisogna innaffiare abbondantemente. Un solco tutto intorno alla pianta convoglia l'acqua verso le radici.

Ulteriori consigli

Il **periodo ideale per piantare** le ortensie è la primavera, non oltre la metà di maggio, quando il terreno è morbido. Le piante in vaso possono essere poste a dimora anche durante i mesi estivi. In entrambi i casi nei giorni successivi è indispensabile innaffiare abbondantemente e con cura. È possibile piantare le ortensie anche in autunno, ma solo a inizio stagione, al più tardi ai primi di ottobre, in modo che, quando sopraggiungono le prime gelate, abbiano già sviluppato le radici.

Per quanto riguarda **la distanza tra le piante** bisogna tener presente la loro crescita potenziale. Le ortensie presentano in genere un notevole sviluppo a cespuglio e se sono troppo appressate fra loro, o in mezzo ad altre piante, perdono gran parte del loro fascino. Prevedete quindi una distanza 'di sicurezza' tutt'intorno in modo da favorire una crescita proporzionata e uniforme. Nel caso in cui nel corso dell'anno un gruppo di ortensie si riveli eccessivamente folto, è possibile trapiantare altrove gli esemplari più vecchi, meglio se in primavera. È importante che il pane di radici non venga danneggiato e che la pianta venga interrata immediatamente nella nuova dimora.

Affinché le ortensie possano svilupparsi come arbusti uniformi è importante calcolare una distanza adeguata, anche quando si piantano esemplari molto giovani.

Il nutrimento e l'acqua

Il colore dei fiori delle ortensie, anche delle cultivar di *Macrophylla*, è per natura bianco, rosa chiaro o tendente al rosso. I fiori azzurri e blu si ottengono attraverso un trattamento specifico del terreno, anche nel caso di *Hydrangea macrophylla*. La colorazione blu dei fiori e il processo per ottenerla sono rimasti per lungo tempo un mistero, che per fortuna oggi è stato svelato: il responsabile della colorazione blu è il cromatoforo delfinidina che, in presenza di allume (un composto di alluminio), determina la tinta blu dei fiori. Pertanto, se volete ottenere ortensie dalle sfumature blu e azzurre bisogna assicurare loro un **terreno acido** e la presenza di **allume**. Quest'ultimo può anche essere somministrato mediante l'innaffiatura. A questo scopo si può utilizzare un preparato pronto, da acquistare in un centro specializzato in articoli da giardinaggio, oppure procurarsi del solfato di potassio e alluminio in farmacia, che di solito è anche più economico. È evidente che anche con terreni acidi, quindi con un valore basso di pH, le ortensie non producono necessariamente fiori blu; quella che può manifestarsi è una tendenza a tale colorazione, che però, in assenza di allume, sfuma nelle tonalità del violetto. Attenzione però: anche con il trattamento adeguato non tutte le cultivar presentano una colorazione blu intensa; la gamma delle sfumature, infatti, è sempre molto ampia.

La fertilizzazione

Le ortensie, come anche la maggior parte delle altre piante da

I fertilizzanti specifici per le ortensie sono disponibili sia in forma granulare sia in forma liquida.

fiore, hanno una fioritura ricca e uno sviluppo rigoglioso e uniforme solo se viene loro garantita una nutrizione bilanciata e sufficiente. L'accento va posto proprio su 'bilanciata', poiché sia l'eccesso sia il difetto nutrizionali sono particolarmente insidiosi per queste specie.

Se volete valutare la ricchezza di sostanze nutritive del vostro giardino e conoscere le eventuali carenze, potete spedire un campione di terra a un laboratorio di analisi. Riceverete il risultato e tutte le indicazioni sul tipo di fertilizzante più adatto a ogni caso specifico.

I fertilizzanti organici

Questi fertilizzanti vengono prodotti a partire da materiali vegetali o animali. La loro azione è lenta ma regolare, poiché vengono decomposti poco a poco dai microrganismi presenti nel terreno, in modo che le piante possano progressivamente utilizzare le sostanze nutritive che contengono.

L'azione dei microrganismi è più rapida quando la temperatura è alta, e più lenta quando la temperatura è bassa. In ogni caso ci vogliono tra le tre e le quattro settimane prima che la pianta possa assorbire il fertilizzante decomposto. Il **compost** maturo, la **segatura** e il **letame** bovino sono esempi di fertilizzante organico. Il letame bovino (non equino!) è il fertilizzante migliore per le ortensie poiché è composto da una corretta miscela di sostanze nutritive e non contiene troppo azoto.

I fertilizzanti minerali

I fertilizzanti minerali invece si sciolgono in acqua e sono quindi immediatamente disponibili per la pianta. In commercio esistono miscele di diversi minerali o preparati a base di un singolo minerale, in particolare fosforo, potassio e azoto.

Utilizzando questi fertilizzanti bisogna tenere presente che eventuali dosi in eccesso non vengono assorbite e penetrano quindi velocemente nell'acqua contenuta nel terreno. La regola 'meglio abbondare che *deficere*' non vale in questo caso; se la pianta ha un elevato fabbisogno di sostanze nutritive è preferibile fertilizzare più spesso con quantità di fertilizzante più modeste. Anche con i fertilizzanti vegetali bisogna fare attenzione a non esagerare: il compost a base di erba, per esempio, ha un alto contenuto di azoto, pertanto deve essere impiegato con parsimonia.

Oltre ai fertilizzanti puramente vegetali o minerali esistono i cosiddetti **fertilizzanti organico-minerali** che agiscono in tempi rapidi e hanno un'azione durevole nel tempo.

Il compost: dalla natura un nutrimento prezioso

L'humus si forma continuamente in natura: ogni foglia che cade, ogni filo d'erba che avvizzisce viene trasformato in humus da miliardi di microrganismi. Anche nel vostro giardino, con i resti della potatura di cespugli e arbusti, con le foglie e i resti delle verdure potete produrre autonomamente il compost, una vera iniezione di salute per le vostre piante.

Gran parte della concimazione necessaria potrà allora essere realizzata semplicemente con

Il compost è in assoluto il miglior fertilizzante. Allestendo un cumulo per il compostaggio sarà possibile utilizzare al meglio i resti del giardino.

l'aggiunta di quanto avrete prodotto, ricorrendo ai fertilizzanti specifici solo per soddisfare particolari esigenze delle piante. La cosa migliore è utilizzare **compost misto**, caratterizzato da un rapporto bilanciato delle diverse sostanze nutritive.

L'humus di corteccia

L'humus di corteccia è particolarmente utile e può essere impiegato per garantire una buona copertura del terreno prevenendone l'essiccamento e per soffocare lo sviluppo delle erbe infestanti; va distribuito uniformemente, creando uno strato di 2-3 cm di spessore. È importante sapere che l'humus di corteccia assorbe azoto dal terreno: una buona quantità di compost misto, ricco di azoto, può sopperire a questa mancanza.

L'innaffiatura

Subito dopo il trapianto bisogna irrigare la terra intorno alle ortensie in profondità, prestando poi attenzione a mantenerla sempre umida. Nel corso del primo anno è necessario garantire innaffiature regolari e abbondanti, almeno fino a che le vostre ortensie non si siano pienamente sviluppate.

Passata questa prima fase, la maggior parte delle cultivar è in grado di sopportare brevi periodi di siccità senza riportare seri danni. Se tuttavia si dovessero presentare periodi di siccità prolungati, sarà invece indispensabile effettuare un'innaffiatura scrupolosa.

Le radici delle ortensie, infatti, non si spingono molto in profondità, quindi devono poter disporre di quantità d'acqua sufficienti nella parte superficiale del suolo. Anche se si trovano sotto ad arbusti più alti, in condizioni di aridità prolungata devono essere innaffiate profusamente, poiché le radici entrano in competizione con quelle delle altre piante. A questo proposito è bene ricordare che l'habitat naturale delle ortensie è costituito da ambienti in prossimità di corsi d'acqua, dove viene garantito loro un costante approvvigionamento idrico e di umidità atmosferica. Non ci si può quindi aspettare che queste piante riescano a superare un'estate asciutta, né all'ombra né tanto meno in pieno sole, senza essere innaffiate a dovere.

Per le ortensie, un componente prezioso del compost è rappresentato dai fondi di caffè. Vale addirittura la pena creare un deposito di compost dove mescolare insieme fondi di caffè e resti della potatura di sempreverdi e conifere tritati.

Nella progettazione del giardino può essere sensato inserire un sistema automatico di innaffiatura per evitare che questa si trasformi in un'incombenza troppo onerosa nei caldi mesi estivi.

Acqua del rubinetto o acqua piovana?

L'acqua piovana è senza dubbio l'ideale per dissetare le piante, senza contare il risparmio sulla bolletta. Se possedete un giardino o una terrazza avrete la possibilità di raccogliere parte dell'acqua che fluisce dai pluviali in una capiente **cisterna**.

Le cisterne non devono essere necessariamente quelle di plastica blu o verde; in commercio esistono anche modelli in legno o di materiali simili alla pietra; inoltre, per renderle meno appariscenti potete anche lasciare che vengano ricoperte da una pianta rampicante.

Se utilizzate invece acqua del rubinetto, lasciatela riposare alcune ore nell'innaffiatoio prima di irrigare, in modo che abbia il tempo di intiepidirsi e si depositi il calcare.

La potatura

Abbiamo già accennato al fatto che le diverse specie di ortensie, in virtù del loro differente modo di fiorire, devono essere potate in modo diverso. Per quanto riguarda la potatura, è possibile classificarle in due gruppi:

- il primo gruppo **fiorisce sui rami dell'anno precedente**, perciò la potatura primaverile non deve mai essere profonda;
- il secondo gruppo **fiorisce sui rami dell'anno in corso**, quindi in primavera è possibile procedere a una potatura anche drastica.

Primo gruppo: ringiovanimento e diradamento

Nei primi anni di vita le ortensie comuni e quelle con corimbi piatti non necessitano di alcuna potatura. La cosa migliore è lasciarle tranquille in modo da dare loro il tempo di costituire cespugli uniformi; in seguito potranno essere diradate regolarmente. In primavera si recidono i rami più vecchi, appena sopra la superficie del terreno; in questo modo si stimola dal basso la crescita di nuovi germogli, prevenendo l'invecchiamento della pianta.

Se non vengono sfoltiti, con il passare degli anni gli arbusti si infittiscono eccessivamente, i germogli invecchiano e la fioritura diminuisce notevolmente. Fanno **eccezione** le ortensie della specie *Hydrangea aspera*, che, sebbene rientrino nel primo gruppo, per stimolare la fioritura dell'anno successivo possono essere sottoposte a una potatura più drastica (fino a 15-30 cm) nei mesi di marzo-aprile.

Secondo gruppo: potatura vera e propria

Tutte le specie di ortensia che fioriscono sui rami dell'anno in corso vengono potate in primavera. In questo periodo dell'anno le ortensie palla di neve (*Hydrangea arborescens*), adatte per luoghi in ombra, e le loro cultivar vanno ridotte quasi a livello del terreno, per stimolare una fioritura rigogliosa con corimbi particolarmente voluminosi (si rammenti però che agli esemplari più giovani bisogna praticare una potatura meno radicale).

Potando parte dei germogli una seconda volta, a metà giugno, si ritarda di poco l'inizio della fioritura, ma in cambio i corimbi persisteranno sulle piante fino a settembre.

Se le ortensie a pannocchia (*H. paniculata*) non vengono potate in primavera, dopo qualche anno si trasformano in arbusti aperti e disordinati, che dovranno essere sicuramente sottoposti a una potatura di ringiovanimento mirata.

Importante: a differenza delle altre, due cultivar di ortensia a pannocchia, ovvero 'Praecox' e 'Dharuma', sviluppano i boccioli già nel corso dell'anno precedente e pertanto non devono mai essere potate in primavera. L'eventuale potatura va rimandata in estate, subito dopo la fioritura, e in seguito bisognerà assicurare alle piante una protezione adeguata contro i rigori dell'inverno.

In primavera le ortensie che fioriscono sui rami dell'anno precedente, vanno liberate soltanto delle vecchie infiorescenze.

Potatura al bisogno

Gli arbusti di **ortensia sargentiana** (*Hydrangea sargentiana*) e di **ortensia rampicante**, anche se imponenti, non necessitano di **alcuna potatura**, a meno che non si voglia intervenire per accorciarne l'altezza qualora crescano oltre la misura desiderata. Anche in questo caso però bisogna limitarsi a rimuovere solo una parte dei germogli e ad accorciare leggermente gli altri. Nel corso dell'estate successiva la fioritura risulterà più debole, ma le abitudini della pianta saranno salvaguardate.

Nel caso in cui i cespugli diventino troppo folti durante la stagione estiva, potranno essere diradati in autunno.

L'**ortensia quercifolia** (*H. quercifolia*) non deve essere potata, nemmeno in età avanzata, dal

In primavera le ortensie che fioriscono sui rami dell'anno possono essere potate anche radicalmente.

LA FIORITURA DELLE ORTENSIE

Fioritura sui rami dell'anno	Fioritura sui rami dell'anno precedente
Ortensie palla di neve (*H. arborescens*)	Ortensie comuni (*H. macrophylla*)
Ortensie a pannocchia (*H. paniculata*)	Ortensi e quercifolia (*H. quercifolia*) Forme di *Hydrangea serrata*

Se il cespuglio è troppo folto, i rami possono essere recisi o accorciati.

momento che perderebbe tutto il suo fascino. Se le infiorescenze secche non cadono spontaneamente, possono essere recise in autunno o al massimo in primavera, in modo da non ostacolare la produzione di nuovi germogli.

Svernamento e riproduzione

La resistenza al gelo delle singole specie di ortensie può variare di molto e dipende in gran parte anche dall'esposizione. Le temperature al di sotto dello zero non rappresentano l'unica insidia per le piante; i nuovi getti, infatti, possono subire il gelo e germogliare nuovamente in primavera. Questo si verifica anche in molti arbusti che fioriscono in estate e che vengono appositamente potati in primavera per stimolare la germogliazione.

Lo svernamento

Il punto cruciale con le ortensie (per lo meno con alcune specie) è che gli arbusti producono già alla fine dell'estate i boccioli destinati a fiorire l'anno successivo. Se questi **boccioli** vengono danneggiati dal gelo non ci sarà alcuna fioritura l'anno seguente. Questo vale in particolare per le ortensie comuni (*Hydrangea macrophylla*) e per quelle con corimbi piatti (*H. serrata*) originarie del Giappone che sono piante molto delicate.

In luoghi esposti al vento o al sole dell'inverno e poco riparati è indispensabile fornire una protezione adeguata.

Una **copertura di foglie secche** offre una coltre compatta e asciutta. La cosa migliore è circondare la pianta con una struttura di rete metallica e colmarla con foglie secche, magari frammiste a paglia. Questa maglia in fil di ferro serve a evitare che le foglie vengano spazzate via dal vento. È possibile anche avvolgere gli arbusti in una stuoia di rafia; in questo caso le foglie secche rappresentano una protezione aggiuntiva.

Per le specie che fioriscono dal legno dell'anno l'eventuale congelamento dei boccioli non costituisce un danno irreparabile, poiché solitamente vengono sottoposte a potatura primaverile. Anche queste ortensie tuttavia vi dimostreranno la loro riconoscenza se provvederete a proteggerle, in particolare durante il primo inverno e nella porzione bassa dell'arbusto, con una copertura di foglie per riparare le radici.

Consigli per le regioni più fredde

- Sospendete la fertilizzazione a metà agosto in modo da abituare le piante alla scarsità di alimenti del periodo invernale.
- Durante i mesi autunnali mantenete umido il terreno fino alle prime gelate.
- In inverno ricoprite le piante (in corrispondenza del colletto delle radici) con pacciamatura di corteccia o foglie. Non è necessario potare completamente tutti i rami.

Le infiorescenze appassite delle ortensie sono un ornamento molto suggestivo quando in inverno si ricoprono di brina.

- Non appena il terreno in primavera non è più gelato, rimuovete la protezione invernale. La pianta comincerà presto a germogliare.

Riprodurre le ortensie

Se volete riprodurre solo pochi esemplari e siete alla ricerca di un metodo semplice, la **propaggine** è il sistema ideale. Piegate un ramo giovane verso il terreno e adagiatevelo sopra, fissatelo con una forcella e ricopritelo di terra lasciando però libera l'estremità. Dopo circa un anno si svilupperanno le radici e il ramo può essere reciso in vicinanza della pianta madre e interrato.

In estate è inoltre possibile prelevare **talee** per ottenere un numero maggiore di piantine; a tale scopo, nei mesi di giugno o luglio si recidono porzioni di nuovi getti che non hanno prodotto boccioli. Si rimuovono poi le foglie più basse e si pianta la talea direttamente in una cassetta di coltivazione in terreno sabbioso e ricco di compost. Per mantenere umida l'aria ricoprite le talee con un vaso di vetro capovolto, avendo cura di mettere un sasso o un pezzetto di legno sotto il bordo per garantire il ricircolo di aria. Mantenete la terra costantemente umida. La primavera successiva potrete poi trapiantare le giovani piante nel luogo prescelto e nel corso dell'estate avrete già cespugli rigogliosi e pronti a fiorire.

La cura delle ortensie in vaso

Le ortensie comuni allevate in vivaio vengono vendute a partire dalla primavera come piante da vaso fiorite e costituiscono i classici doni per ricorrenze particolari come la festa della mamma, una comunione o una cresima. È preferibile trovar loro al più presto un recipiente più grande e collocarle a mezz'ombra su una terrazza o in un luogo adatto del giardino. Solitamente però le piante acquistate in vaso non riportano il nome della cultivar, e quindi non è possibile sapere se si tratti di una cultivar resistente al gelo o meno.

L'assortimento disponibile presso le aziende specializzate in piante ornamentali è molto diverso da quello dei vivai, dove le cultivar di *Macrophylla* vengono scelte in base al criterio della velocità di crescita e dell'entità della fioritura, e quindi della possibilità di vendita. Nelle regioni con inverni miti è possibile naturalmente fare il tentativo di trapiantare l'ortensia acquistata in vaso direttamente in piena terra: il risultato può essere anche una piacevole sorpresa, e può succedere che il regalo ricevuto in occasione della prima comunione di un bambino diventi vecchio di anni, mantenendo intatto il suo

splendore e rallegrandoci sempre con i suoi fiori.
Anche le piante mantenute in vaso possono però rappresentare una gioia durevole nel tempo basta avere l'accortezza di innaffiarle a sufficienza, fornire loro le cure adeguate e farle svernare nel modo opportuno.

Questo gruppo di piante in vaso, posto lungo una scala, è ben visibile. È quindi difficile dimenticarsi di bagnarlo. La corretta innaffiatura è indispensabile per prevenire un loro indebolimento.

Recipienti e substrato

Se si desidera che le ortensie in vaso mostrino sempre il loro lato migliore per tutta la stagione bisogna piantarle in un recipiente abbastanza grande (diametro minimo 2/3 del diametro della pianta) e con un generosa quantità di terra. Il **substrato** adatto si ottiene mescolando del terriccio per acidofile (acquistato in vivaio) con compost maturo e un poco di sabbia, in modo da ottenere un terreno ricco di sostanze nutritive e in grado di trattenere l'umidità senza diventare pesante. Naturalmente sul fondo del recipiente è necessario distribuire uno strato di ghiaia che assicuri il drenaggio.
I substrati pronti all'uso che si acquistano nei centri specializzati contengono già una scorta di fertilizzante e tutte le sostanze nutritive necessarie per la crescita della pianta. Una seconda fertilizzazione si rende quindi necessaria solo dopo 6-8 settimane dal trapianto. Successivamente si consiglia di ricorrere a un fertilizzante liquido apposito per piante da fiore, con aggiunta di allume o meno, a seconda che si desiderino fiori azzurri oppure no.

L'umidità

Poiché lo spazio disponibile per le radici di tutte le piante che sono coltivate in cassetta, in vaso o in qualsiasi analogo recipiente è piuttosto limitato, è necessario assicurare innaffiature regolari in modo che il pane di radici non secchi. Innaffiare ogni giorno, d'estate anche due volte, al mattino e alla sera, è fondamentale se volete che le ortensie su balconi e terrazze mantengano un aspetto sano e rigoglioso, con una ricca fioritura. Prima di bagnarle, bisogna comunque verificate l'umidità del substrato: se la superficie è asciutta significa che è ora.
Si consiglia di innaffiare abbondantemente, ma lentamente, in modo che la terra non diventi fangosa e l'acqua in eccesso possa defluire dai fori di scolo al-

la base del recipiente. Se il recipiente è posto su un sottovaso bisogna eliminare l'acqua in eccesso, ma solo dopo aver aspettato un po' di tempo, perché spesso le radici assorbono anche parte dell'acqua che in precedenza era colata nel sottovaso.

Le ortensie in vaso nel corso dell'anno

In quasi tutto il territorio italiano le ortensie in vaso possono restare all'aperto durante l'intero anno, dal momento che sopportano anche temperature di qualche grado al di sotto dello zero senza riportare danni. Non devono però rimanere esposte a lungo a un **freddo troppo intenso**. Il problema con le piante in vaso in generale è che la massa delle radici gela più rapidamente che in aiuola. Se si prevedono periodi di gelo di più giorni, è consigliabile avvolgere il vaso in una stuoia o in una coperta e coprire il piede della pianta con foglie secche.

Da marzo in poi, quando le giornate si fanno più miti, le ortensie riprendono l'attività vegetativa e dopo 6-8 settimane iniziano a fiorire. Durante questa fase di sviluppo la pianta deve essere innaffiata in modo uniforme e sostenuta con un fertilizzante a base di potassio e fosforo ogni 2-3 settimane. **Dopo la fioritura** è consigliabile accorciare un po' i germogli e ogni 2 anni rinvasare la pianta.

In estate è importante che l'ortensia venga mantenuta umida in modo uniforme; ricordando sempre che ha bisogno di molta acqua e che sarebbe preferibile utilizzare quella piovana. Nei luoghi più asciutti, per esempio sui balconi delle città, le ortensie soffrono anche a causa dell'aria secca e dell'inquinamento atmosferico; irroratele quindi regolarmente con un nebulizzatore.

È importante che, prima di trascorrere l'inverno, i germogli abbiano prodotto i boccioli dai quali in primavera si svilupperanno i nuovi fiori. Di tanto in tanto è necessario innaffiare anche d'inverno, facendo in modo che la terra non secchi mai completamente; questa operazione va fatta solo quando la temperatura è di qualche grado sopra lo zero.

Errori di coltivazione e parassiti

Le ortensie sono piante molto robuste. Tuttavia, se coltivate in condizioni inadeguate, in terreno povero e troppo asciutto, possono subire danni anche gravi ed essere esposte a parassiti e malattie virali.

Bagnate le ortensie in vaso preferibilmente al mattino e/o alla sera, mai nel mezzogiorno, il momento più caldo della giornata, altrimenti l'acqua evaporerà in parte già mentre innaffiate. Nei luoghi ove l'aria è più secca le piante gradiscono di tanto in tanto anche una doccia con uno spruzzatore. In nessun caso però bisogna farlo in pieno sole, poiché le gocce d'acqua sulle foglie agirebbero da lenti di ingrandimento causando bruciature.

Errori di coltivazione

Elenchiamo di seguito gli errori che più comunemente si possono commettere nella coltivazione delle ortensie.

Mancanza di acqua

Sintomi: le foglie sono flaccide e pendenti, gli steli non sono più turgidi, ma appaiono deboli.

Causa: la pianta non riceve abbastanza acqua, mostra i primi chiari sintomi di affaticamento e comincia ad appassire.

Soluzione: innaffiate abbondantemente una prima volta, e nuovamente dopo qualche ora. Le ortensie in vaso possono anche essere inserite in un recipiente più grande pieno d'acqua, in modo che il substrato si impregni in poco tempo.

Scarsa fioritura

Sintomi: l'ortensia non fiorisce e non produce boccioli.

Causa: errore di potatura. Le infiorescenze appassite sono state potate troppo in profondità in autunno, oppure la pianta è stata potata in primavera.

Soluzione: le ortensie (*Hydrangea macrophylla* e *H. serrata*) che fioriscono sui rami dell'anno precedente non devono essere potate; limitatevi a recidere solo le infiorescenze.

Danni causati dal gelo

Sintomi: boccioli secchi e raggrinziti che non si sviluppano.

Causa: i boccioli che si sono formati nel corso dell'anno precedente sono gelati.

Soluzione: scegliete un luogo riparato ove far svernare le ortensie in vaso e proteggetele dal gelo. In alternativa, potete scegliere cultivar moderne che fioriscono sui rami dell'anno come, per esempio, 'Endless Summer'.

Parassiti animali e funghi

Anche le ortensie ben curate e che vivono in condizioni ottimali possono cadere vittime di parassiti e malattie. Spesso l'infestazione non è tanto intensa da rendere necessarie misure drastiche, dal momento che in natura i nemici dei parassiti si riproducono di solito altrettanto velocemente. Può tuttavia accadere che lo stadio di infestazione sia avanzato e debba essere combattuto con preparati specifici.

Arvicole

Sintomi: le piante appassiscono improvvisamente, anche nel volgere di poche ore. Cercando di risalire alla causa può capitare di dover dissotterrare l'intera pianta e constatare che le radici sono state completamente divorate.

Causa: questi insaziabili roditori adorano le radici delle piante giovani, appena interrate.

Misure preventive: nei luoghi a rischio avvolgete le radici dei singoli arbusti in canestri di fil di ferro che possano essere chiusi in corrispondenza del colletto. Con il tempo le radici fuoriescono dal canestro, che con il passare degli anni arrugginisce, ma ormai le radici più vecchie e più dure non saranno più in pericolo.

Afidi

Sintomi: colonie di piccoli insetti neri o verdi che invadono gli steli e le foglie dei germogli più teneri. Succhiano la linfa della pianta facendo raggrinzire e appassire le foglie. Gli afidi inoltre favoriscono la diffusione di micosi, che si manifestano come una patina nera su fusti e foglie.

Causa: spesso gli arbusti vengono fertilizzati con concimi contenenti un'alta percentuale di azoto; questo elemento indebolisce i germogli esponendoli a malattie e infestazioni parassitarie. A volte però una forte infestazione si verifica anche quando in primavera le temperature sono troppo elevate.

Misure preventive: prima di tutto bisogna ridurre il ricorso ai fertilizzanti, in particolare se contengono azoto. Premuratevi affinché i nemici naturali degli afidi, come le coccinelle, le crisope e soprattutto le loro larve, trovino un habitat adatto nel vostro giardino. Un metodo efficace è non utilizzare mai insetticidi e accumulare in alcuni punti del giardino i detriti vegetali in modo che gli insetti possano sfruttarli per deporvi le uova e proteggersi dai loro nemici. Se nonostante questi accorgimenti dovesse manifestarsi un'infestazione massiccia, si possono utilizzare preparati che non danneggiano gli insetti utili, per esempio, a base di piretro. Risulta efficace anche spruzzare le piante con macerato d'ortica.

Bruchi

Sintomi: foglie bucate e rosicchiate; spesso rimane solo lo scheletro delle nervature.

Causa: alcune annate sono caratterizzate da infestazioni di bruchi che assumono proporzioni epi-

Insaziabili, ma non un vero e proprio pericolo: i bruchi sono il cibo preferito delle nidiate di uccellini.

demiche, in altre invece la loro presenza è molto ridotta. Non esiste alcun tipo di prevenzione.
Lotta diretta: potete tentare di raccogliere manualmente i bruchi, cosa piuttosto difficile con gli arbusti più alti. Importante è anche favorire la presenza di uccelli utili nel giardino, con mangiatoie per sfamarli in inverno.

Ragnetto rosso
Sintomi: la superficie inferiore delle foglie appare macchiata da punti giallastri e ricoperta da piccoli acari delle dimensioni di circa 0,3 mm. Le foglie colpite si seccano e cadono.
Causa: la pianta è troppo secca e la fertilizzazione errata.
Misure preventive: piantate gli arbusti nei luoghi più adatti e concimate a sufficienza. Nel caso di un'infestazione minore, potete rimuovere e distruggere le parti colpite. Nel caso di un'infestazione più estesa l'unica soluzione è irrorare con macerato d'ortica di 4 giorni.

Nematodi
Sintomi: scarso sviluppo della pianta, con ulcerazioni sul fusto e irregolarità nella fioritura.
Causa: il terreno può essere infestato da piccoli vermi fitofagi lunghi pochi millimetri.
Lotta diretta: se l'ortensia è in vaso, conviene rinvasarla cambiando la terra e ripulendo accuratamente le radici. Se è in piena terra, si può utilizzare un prodotto specifico da acquistare presso i consorzi agrari.

Tripidi
Sintomi: macchie gialle sulle foglie che successivamente assumono una colorazione argentata. Si nota inoltre la presenza di piccoli punti neri, che sono di fatto le larve di questi parassiti.
Causa: luogo troppo secco, spesso vicino a un muro o a lastricati.
Lotta diretta: nel caso di un'infestazione di media entità bisogna rimuovere e distruggere le parti colpite. In caso di infestazione grave si può ricorrere a prodotti a base di piretro.

Muffa grigia
Sintomi: i boccioli sono ricoperti da una patina grigia e cadono.
Causa: il luogo è caratterizzato da un'eccessiva umidità dell'aria; altra causa possibile è un prolungato periodo di pioggia.
Misure preventive: solitamente è sufficiente recidere i boccioli colpiti e distruggerli. Se l'infezione è estesa, occorre trattare con prodotti specifici a base di rame, ve ne sono anche di consentiti in agricoltura biologica.

Oidio
Sintomi: patina bianca farinosa sulle estremità dei germogli e sulle foglie.
Causa: forte escursione termica tra il giorno e la notte e intensa umidità che non permette alle foglie di asciugarsi; cespugli troppo fitti cosicché tra i rami non circola l'aria.
Lotta diretta: i germogli colpiti devono essere recisi; successivamente è consigliabile l'impiego di prodotti a base di zolfo.

Indice analitico

* indica la pagina dove compare un'illustrazione.

www.rededizioni.it

Coordinamento editoriale
Alba Piscone

Realizzazione editoriale
Booksystem – Novara

Traduzione di Laura Brambilla
dall'originale tedesco
Hortensien,
BLV Buchverlag GmbH & Co. KG,
Monaco © 2007

Redazione e impaginazione
Francesca Giordano, Chiara Nerviani, Michele Micheletti, Alessandro Frigerio, Fernanda Tosco

Stampa
L.E.G.O. Spa, Lavis (TN)

Crediti fotografici
a=in alto; b=in basso; c=al centro; d=a destra; s=a sinistra

Adams: 9, 39d, 45a, 48, 49b, 54, 67a, 67b, 75
Borstell: 2/3, 4b, 5a, 7, 11, 12, 13, 14, 19, 20b, 21a, 24a, 27s, 28b, 34, 36, 41s, 41d, 47, 52, 55, 56a, 57s, 57d, 58, 60, 62, 63, 66, 69, 70s, 71, 72, 73, 74, 76, 78s, 81, 87
Borstell/Gärtnerei Dahlmann: 70d
Brand: 1, 17a, 21b, 26a, 26b, 32a
GBA/Didillon: 30, 68
GBA/GPL: 5b, 43, 86
GBA/Noun: 65
Henseler: 91b
Jeddeloh: 18
Kosner: 23
Markley: 44as, 80
Minier: 28a, 40s, 40d, 42b
Nickig: 10, 17b, 29, 35, 39s, 56b, 59, 64a
Oprins: 38, 44bs, 44ad, 46b
Pellens: 25
Redeleit: 77
Reinhard: 4a, 6, 16, 22, 24b, 27d, 31, 32b, 42a, 46a, 50, 64b
Romeis: 20a
Seidl: 8, 45b, 49a, 51, 88, 91a, 92
Stangl: 83
Strauß: 78d, 82